AUX QUATRE COINS DES OCÉANS

Diego Buñuel
Agnès Gardet

AVENTURES EXTRÊMES

Tana éditions
THALASSA aventures extrêmes

SOMMAIRE

THALASSA

50 ANS AU CŒUR DU BLEU

INTRODUCTION

Reprendre «Thalassa» était un défi immense, presque vertigineux. Mais aussi une fierté profonde. Comment faire revivre une émission aussi mythique, aussi emblématique, sans la trahir? Comment respecter un héritage, tout en l'animant d'un souffle nouveau?

Je suis de la génération «Thalassa». Je suis né l'année de sa création, en 1975. Comme beaucoup de Français, l'émission a bercé mon enfance. Elle a nourri mon imaginaire. Elle m'a donné le goût de l'ailleurs, de l'océan, de la rencontre, du récit. Je me souviens des voix, des images, du générique qui ouvrait une fenêtre sur le large alors que nous étions assis dans nos salons. Pour beaucoup d'entre nous, «Thalassa» n'était pas seulement une émission. C'était une invitation à la découverte, chaque semaine un formidable bol d'air iodé, au rythme des vagues, sous le fouet des embruns…

Cette aventure ne serait jamais née sans un homme: Georges Pernoud. Journaliste, visionnaire, passionné. Il a su faire aimer la mer à un pays qui lui tournait souvent le dos. Il a incarné avec douceur et conviction un journalisme à hauteur de regard, fait d'écoute, de bienveillance et de curiosité sincère. Il n'était pas un présentateur, il était un passeur. Un pont entre le monde maritime et ceux qui ne le connaissaient pas. Grâce à lui, «Thalassa» est devenue un rendez-vous populaire, rassembleur, exigeant. Un programme qui a su parler à toutes les générations, dans toutes les régions de France. Georges Pernoud a eu l'intuition simple et puissante que raconter la mer, c'était raconter le monde.

Alors, évidemment, lui succéder est un honneur immense, mais aussi une responsabilité. Car en cinquante ans, le monde a changé. L'océan également. Il est devenu un territoire à protéger, une urgence planétaire. On ne peut plus raconter la mer comme avant. Il faut imaginer une autre expression. Faire revivre la belle endormie, oui, mais avec une inspiration nouvelle, à l'image des défis d'aujourd'hui.

Nous avons choisi l'aventure. L'incarnation. Le retour au terrain. À une époque où tout est devenu virtuel, abstrait, désincarné, j'ai eu besoin de contact. J'ai couvert les zones de conflit de la planète pendant près de vingt ans, et quitter la folie humaine m'a fait le plus grand bien. Je souhaite désormais ouvrir une nouvelle perspective aux téléspectateurs et téléspectatrices, les réenchanter, les embarquer dans mes aventures et ancrer l'émission dans son époque. Leur montrer toute la beauté de ce monde marin, sauvage, ultime, que l'on connaît si peu et dont dépend pourtant notre existence.

Nous parlons de *planète Terre*, mais nous devrions parler de *planète Mer*, car l'eau occupe la majeure partie du globe. Et les océans sont notre avenir, nos meilleurs alliés pour lutter contre le changement climatique. La mer est une pompe à carbone géante, grâce au plancton, régulateur du climat, pourvoyeur de vie… Deux

tiers des habitants de notre biosphère dépendent d'elle. Et pourtant, nous la connaissons mal et la mettons en danger chaque jour, par négligence, par ignorance, par inconscience.
Alors aujourd'hui plus que jamais, «Thalassa» a un rôle à jouer. Celui de montrer, d'alerter, de raconter. Mais aussi celui de transmettre le beau, car l'émerveillement est le premier pas vers la connaissance et le respect.

Il fallait techniquement être au niveau du défi. Cette nouvelle version de l'émission est un voyage visuel empreint d'esprit cinématographique. Car la mer, après tout, n'est-elle pas celle qui nous offre l'horizon le plus lointain? Il faut donc voir large! Les images sont léchées, tournées en cinémascope, à hauteur d'humains et d'animaux, mais aussi filmées du ciel, pour en saisir toute la beauté, toute l'ampleur.

Dans cet ouvrage, nous célébrons cinquante ans de passion marine. Cinquante ans de «Thalassa». Une aventure humaine, journalistique, poétique. Un phare dans le paysage audiovisuel qui, nous l'espérons, n'a pas fini de vous faire rêver

À Georges Pernoud, et à tous ceux qui ont tenu la barre avant nous: merci. Ce livre est aussi pour vous.

POLYNÉSIE

AU PARADIS DES REQUINS

Rendez-vous chez le seigneur d'Apataki

Papeete, capitale de la Polynésie française, sur l'île de Tahiti… son simple nom évoque immédiatement les voyages, l'exotisme, le bleu infini du lagon, la luxuriance d'une nature généreuse.
À l'arrivée, hormis une aimable déambulation sur le port, je n'ai pas pris le temps de beaucoup goûter à la douceur de la ville, car mon but n'était pas là. Le nom de Papeete, qui signifie «panier d'eau» en tahitien (*pape*: eau, *ete*: panier), rappelle son passé de point d'approvisionnement en eau douce pour les navigateurs. De nos jours, la petite métropole polynésienne vit au rythme de son port, très animé, où accostent les goélettes qui ravitaillent les archipels, et les ferries de passagers. À quelques pas, le marché coloré embaume l'atmosphère de ses senteurs tropicales, et sur le front de mer, les roulottes, équivalent local des food-trucks, servent du poisson cru au lait de coco et des grillades. Un moment convivial et un enchantement pour les yeux et les papilles.

Ma nuit sera courte, car le lendemain à l'aube, je rejoins l'équipe, composée de deux caméramen et de deux plongeurs qui m'accompagnent pour chaque tournage. Nous prenons l'avion très tôt et enregistrons comme de coutume la dizaine de malles de voyage capitonnées protégeant le matériel de prise de vues.
Nous prenons place dans un petit appareil d'une vingtaine de places, en route pour un paradis nommé Fakarava! Cet atoll de l'archipel des Tuamotu s'est notamment fait connaître pour sa meute de requins, immortalisée par Laurent Ballesta, biologiste naturaliste et photographe sous-marin, dans son captivant documentaire intitulé *700 requins dans la nuit*.
L'avion s'élève au-dessus du lagon turquoise de Tahiti et offre une vue imprenable sur l'île voisine de Moorea. Après une courte escale à Rangiroa, l'un des plus grands atolls du monde, le vol se poursuit au-dessus des eaux du Pacifique. À l'approche d'Apataki, l'avion descend lentement et nous révèle l'anneau de corail ourlé de céladon, qui enclôt le lagon. L'atterrissage sur la petite piste isolée marque le début d'une aventure hors du temps.

La nature une fois de plus m'invite et me nargue. Je rêve d'un bain dans ce lagon cristallin… Mais, comme souvent, je vais devoir attendre! À dos d'homme, nous transportons les caisses de l'aérodrome jusqu'à l'embarcadère, où un catamaran nous attend au mouillage. Un soupçon de nervosité s'empare de l'équipage. Tout doit être prêt, rangé et stocké correctement, car notre visite sur l'atoll d'Apataki n'est pas exactement un séjour balnéaire, mais bien une véritable expédition! Faute d'un centre de plongée sur place, nous chargeons, à l'aide d'une grue, un compresseur qui servira à remplir quotidiennement notre dizaine de bouteilles de plongée. Évidemment, il n'y a pas non plus d'hôpital! Nous nous équipons donc d'un caisson de décompression gonflable et de bouteilles d'oxygène pur, au cas où surviendrait un accident. Bref, nous veillons à être totalement autonomes pour les dix prochains jours.

Mon regard est aimanté par l'océan… Après plus de 24 heures de trajet, je n'ai qu'une envie, me jeter à l'eau… Mais Roger, le capitaine, me tire de mes rêveries.
« C'est bon, tout est chargé? On peut mettre les voiles? Il est 15 heures et, pour atteindre Apataki, nous naviguerons pendant 14 heures si les vents nous sont favorables, nous arriverons donc demain, vers 5 ou 6 heures du matin. »
Les voiles claquent au vent, l'ancre est levée et Fakarava s'éloigne peu à peu. Le catamaran glisse sur l'immensité de l'océan Pacifique, accompagné de quelques dauphins virevoltant à la proue. Déjà, le soleil décline et semble accélérer sa course vers l'horizon. Le ciel s'enflamme… nuances d'or, de rose et de pourpre. Je suis soudain submergé par la fatigue, elle s'abat sur moi comme chute un lourd fardeau, j'ai l'impression d'être ivre. Je gagne ma cabine sans délai, m'affale sur le lit et me laisse engloutir dans un sommeil profond.

Le clapotis des flots sur la coque du catamaran m'extrait doucement de ma torpeur nocturne. J'ouvre un œil, puis l'autre… Par le hublot, ma rétine ensommeillée reçoit les premières lueurs d'un soleil prometteur, qui efface progressivement les ombres de la nuit.
Debout sur le pont, je regarde l'atoll d'Apataki se rapprocher de nous. Si je suis venu ici, ce n'est pas pour étudier les cocotiers ou me prélasser sur le sable blanc, mais pour découvrir ce que recèle la mer dans cette région. À l'instar des forêts primaires que l'on trouve à terre, au Brésil ou au Congo par exemple, il existe de même des mers primaires, autrement dit des endroits encore épargnés par l'humain. C'est l'un d'eux que je m'apprête à explorer ici, au milieu de ce décor de carte postale, dans les eaux limpides de l'atoll d'Apataki, parmi les plus préservés et les plus sauvages des Tuamotu. Car ce havre de paix peuplé de cocotiers ébouriffés par les alizés renvoie une image presque trompeuse. Tout autour de ce chapelet récifal se cache une faune marine aussi fascinante qu'intimidante, dominée par les requins, qui veillent sur leur royaume liquide par leur présence silencieuse et majestueuse.

Un apnéiste hors du commun

Le capitaine pilote le catamaran vers la passe nord. C'est un moment délicat. À proximité, les courants et la houle peuvent être traîtres.
Pour bien comprendre ce qu'est une passe, il faut préalablement comprendre ce qu'est un atoll, en l'occurrence une bande de terre large de quelques dizaines de mètres et en forme d'anneau plus ou moins régulier. À l'intérieur de cet anneau s'étend un lagon, tandis qu'à l'extérieur se déploie l'océan. Cette bande de terre est doublée d'une lisière de corail qui protège l'atoll contre la houle océanique. Un rempart naturel, en somme, mais ouvert par des *passes*, soit des chenaux entre le lagon et l'océan.

Nous sommes à un peu plus de 400 kilomètres de Tahiti, et j'ai rendez-vous avec deux êtres exceptionnels dont l'un est humain, l'autre animal. Le premier que je rencontre est l'un des 200 habitants d'Apataki, qui vit comme eux en harmonie avec l'océan et la nature: Denis Grosmaire, apnéiste passionné et fervent défenseur des requins
À peine l'ancre jetée, un petit zodiac se dirige vers nous. À son bord, je reconnais Denis, cheveux de

surfeur blondis au soleil maintenus par un chignon sommaire, indispensables lunettes de soleil, allure de jeune homme... Il saute d'un bond sur le catamaran, le visage barré d'un large sourire.
«Salut Diego, c'est chouette de te voir ici! Vous avez fait bon voyage?
– C'est une sacrée traversée, dis-moi, pour arriver jusque-là!»

Le courant passe très vite. En quelques minutes, je comprends le personnage. Il est né à Moorea et, dès son plus jeune âge, il développe un engouement profond pour l'océan, influencé par une enfance dans les îles, aux côtés de sa mère institutrice, qui l'élève avec ses deux frères dans le respect des autres, du vivant et des traditions.
Depuis, Denis est devenu l'un des meilleurs apnéistes au monde. Il est capable de plonger à plus de 100 mètres sans assistance. Sa carrière débute véritablement en 2015, lorsqu'il décide de se consacrer pleinement à cette discipline. Rapidement, il progresse et participe à de prestigieuses compétitions internationales. En 2017, en France métropolitaine, lors du Nice Abyss Contest, il atteint la profondeur de 68 mètres et se classe quatrième. L'année suivante, il repousse ses limites en descendant à 93 mètres, à l'occasion de la compétition Vertical Blue qui a lieu aux Bahamas, consolidant ainsi sa réputation sur la scène mondiale de l'apnée. En juin 2021, au cours de sa préparation pour la nouvelle édition de Vertical Blue, Denis franchit la barre symbolique des 100 mètres, en immersion libre, au Dean's Blue Hole. Un exploit personnel majeur. Malgré un revers lors des épreuves officielles, il ne se décourage pas et poursuit son entraînement avec détermination. En juillet 2024, aux Philippines, il réalise une plongée à 110 mètres de profondeur en immersion libre, une performance qui le place parmi les meilleurs apnéistes mondiaux.
Mais au-delà de sa technique, c'est sa relation avec les requins-tigres qui me fascine. Car parallèlement à sa carrière sportive, il s'investit dans la protection des squales au travers de l'association Tore Tore, qui sensibilise le grand public à l'importance fondamentale de ces prédateurs pour l'écosystème marin.
Ses meilleurs arguments sont sans nul doute ses images. Bluffantes! Il plonge sans cage, sans protection, en osmose avec ces créatures trop souvent diabolisées. Pour lui, le requin-tigre est un être à respecter, non à craindre. En partageant le petit-déjeuner avec toute l'équipe, Denis nous explique que les requins jouent un rôle crucial dans la chaîne alimentaire des océans. En tant que super-prédateurs, ils contribuent à réguler les populations des autres espèces marines, empêchant certaines de proliférer de manière incontrôlée et assurant de la sorte l'équilibre de l'écosystème et notamment des récifs coralliens.
«Les requins sont les gardiens des océans, explique Denis. Ils sont les garants de la stabilité de la chaîne alimentaire. Sans eux, tout le système s'effondre.»

Un sanctuaire pour requins-tigres

Il est 8 heures. Le soleil est déjà haut dans le ciel. Toute l'équipe s'affaire. Plusieurs pêcheurs d'Apataki nous ont rejoint, car ce sont eux qui nous emmèneront sur le site où nous nagerons au plus près des requins-tigres.
Alourdis par nos bouteilles de plongée et divers équipements, les bateaux prennent la direction des tombants où se regroupent les requins.
Agrégeant mille et une formes de vie, ces falaises sous-marines constituent des pôles stratégiques, car chaque marée sortante semble sonner une cloche de cantine! Le plancton se fait manger par les petits poissons, qui eux-mêmes font le régal de plus gros et ainsi de suite jusqu'au requin-tigre, ultime maillon de cette chaîne alimentaire qui relie le plus infime au plus grand.

Mais approcher cet animal n'est pas si simple. Encore aujourd'hui, pas moins de 80 millions de requins sont pêchés dans les mers du monde, entre autres, pour alimenter les marchés asiatiques, où leurs ailerons constituent un mets très apprécié. Un massacre aux conséquences indéniablement catastrophiques pour la biodiversité marine. Depuis 2012, la Polynésie française protège toutes les espèces de requins et se distingue comme l'un de leurs plus vastes espaces de préservation au monde. La sanctuarisation des eaux polynésiennes s'accompagne

de la stricte interdiction de les appâter, qu'il s'agisse de *feeding* (nourrir) ou de *smelling* (faire sentir). Nous allons devoir compter sur notre chance et attendre que la marée monte. Nous effectuerons une plongée dérivante, c'est-à-dire que nous nous mettrons à l'eau à l'intérieur du lagon et nous nous laisserons porter par le courant sortant. Il faut imaginer que le lagon est comme le corps d'une seringue et la passe comme son aiguille hypodermique. Une fois embarqué dans le flux extrêmement puissant qui circule dans la passe, toute tentative de résistance est inutile, car ce sont des centaines de milliers de mètres cubes d'eau qui sont éjectés. Il n'y a aucun moyen de faire marche arrière ou de s'arrêter.
L'équipe est au complet – caméraman sous-marin, plongeur de sécurité, Denis et moi. Après d'ultimes vérifications, nous plongeons dans les eaux du lagon. À –15 mètres... –25 mètres... –35 mètres. Au début, le courant est relativement faible, tel le régime d'un tapis roulant. Mais après quelques minutes, il accélère. Je m'agrippe à des rochers pour échapper à la force de l'eau. C'est comme si j'étais dans un tunnel à vent, une soufflerie. Mes cheveux sont plaqués en arrière et le détendeur vibre dans ma bouche. Impressionnant ! Je lâche prise et, en un instant, je suis propulsé dans le boyau de la passe. J'ai néanmoins le temps de repérer au-dessus de nous des requins gris, l'un des plus présents dans les eaux d'Apataki. Avec sa silhouette fuselée et sa nage fluide, il évolue en nombre dans les atolls polynésiens. Je me rends compte que je navigue sur une véritable autoroute aquatique, où ces requins trouvent oxygène et nourriture en abondance. Ils sont des dizaines à tournoyer tout autour de moi, mais je ne discerne pas l'ombre d'un requin-tigre.

Nous sommes maintenant à –40 mètres. Une profondeur critique pour une plongée en bouteille. Selon une loi physique, la loi de Dalton, plus la profondeur augmente, plus la pression globale environnante s'accroît et plus s'élève la pression de chacun des gaz contenus dans un mélange de gaz parfaits, l'air par exemple. Or, certains gaz changent de comportement quand ils se compriment. C'est le cas de l'azote, qui est contenu dans 78 % de l'air que nous respirons. À partir d'environ 30 mètres de profondeur, l'azote devient un narcotique délétère, toxique pour le corps humain. C'est pourquoi l'ivresse des profondeurs est aussi appelée « narcose à l'azote ».
Le plongeur de sécurité nous fait signe de vérifier notre niveau d'air. Plus nous nous enfonçons, plus nous consommons. Le niveau est à la limite, nous ne pourrons pas nous éterniser. Tant pis pour le requin-tigre. C'est notre première plongée, la seconde sera peut-être plus fructueuse...
C'est alors que je vois Denis gesticuler à l'entrée d'une petite grotte où il s'est abrité du courant. Dans le langage des signes des plongeurs, celui qu'il vient d'effectuer est le plus inquiétant. La main horizontalement à plat contre sa gorge signifie qu'il n'a plus d'air. Comment est-ce possible ? Mais peu importe, nous sommes à –40 mètres, et la situation est critique. Impossible de remonter à la surface sans pause. À ces profondeurs, les paliers de décompression sont obligatoires. Le plongeur de sécurité comprend instantanément la situation. Il palme vers Denis, qui crache son détendeur et saisit à deux mains le détendeur de secours qui lui est tendu. Il faut faire vite à présent. Ils sont deux à respirer sur la même bouteille. Denis et le plongeur de sécurité entament leur remontée. Je les suis. Ma quantité d'air est suffisante pour assurer une progression sereine. Le temps de mes paliers de décompression, j'admire le paysage marin et sa vie foisonnante. Je pense à la prochaine plongée et, je l'espère ardemment, à ma rencontre avec le maître des lieux...

Un souverain indispensable

Le lendemain matin, reposé après une bonne nuit de sommeil, Denis nous conduit avec allant vers une autre passe.
« Diego, on va se poser ici et aller nager par là. Je sens que c'est le bon spot. Cette nuée d'oiseaux au-dessus de l'eau me laisse penser qu'il se passe des choses dessous.
– Penses-tu que le requin-tigre soit par-là ? Tu crois qu'il va nous sentir ou nous voir ?

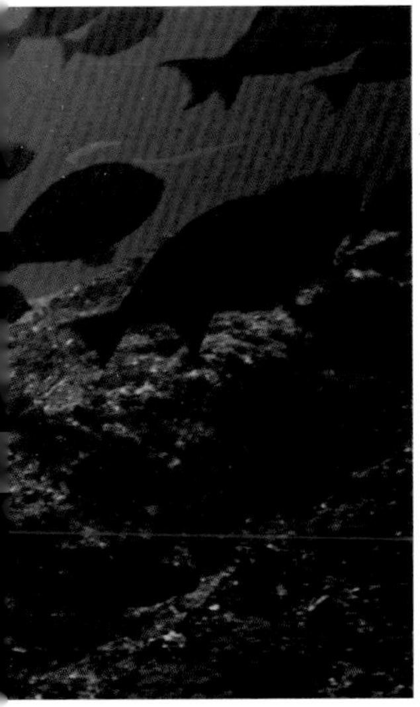

– Probablement ! C'est un animal incroyable, tellement adapté à son milieu ! Il faut savoir que les requins voient dans l'obscurité aussi bien, voire mieux que les chats, leur odorat est 10 000 fois plus affûté que celui des humains, et ils possèdent un sens gustatif très développé. Leur ouïe est excellente et ils peuvent percevoir les moindres différences de pression. Ils ont aussi la capacité de détecter les champs électriques qui émanent de leurs proies. Leurs sens sont tellement aiguisés qu'ils maîtrisent tout ! Cela dit, dès que rôde un requin-tigre, les requins d'espèces plus petites s'éclipsent !
– Quelle attitude adopter s'il s'approche ?
– Il faut rester calme, nager doucement, ne pas faire de bruit.
– Et la position dans l'eau ? Quelle posture et quelle position prendre ?
– Pendant que nous nagerons à sa recherche, nous serons à l'horizontale, ensuite quand nous le verrons, il remontera sans doute un peu à la surface, il peut arriver qu'il soit un petit peu curieux. À ce moment-là, nous nous redresserons à la verticale, surtout sans jamais le quitter du regard. Il ne faudra pas nous disperser, car nous devrons aussi communiquer. Celui qui le voit passer prévient l'autre. »
Après un dernier contrôle du niveau d'air dans les bouteilles, nous nous immergeons.

Au cours de ses innombrables plongées, Denis a appris à anticiper le comportement de ces souverains de l'océan. « Lorsqu'un requin-tigre s'approche, il ne faut ni paniquer ni chercher à fuir. Il perçoit la peur et l'excitation. Tout repose donc sur l'attitude du plongeur », explique-t-il.
L'adrénaline monte alors que nous nous laissons porter par le courant. Subitement, des ombres se dessinent dans le bleu profond. Une multitude de requins gris nous entourent à distance et nous observent. Puis, telle une apparition surgie du néant, un requin-tigre fend l'eau avec une lenteur calculée. Il s'agit apparemment d'un mâle d'environ 4 mètres de long et probablement près de 450 kg. Dans un silence total, seulement rompu par le gargouillement de nos bulles, Denis insiste pour nous en approcher. Le froid regard noir insondable de cet ogre aussi redouté que vénéré croise le nôtre. Il nous jauge. Monstre de puissance pouvant atteindre 6 mètres, il est reconnaissable aux rayures sombres qui marquent ses flancs et lui valent son nom. Face à cette masse, le respect s'impose instinctivement. Chacun de nos mouvements doit être mesuré. Pas de gestes brusques, pas d'hésitation. Denis tend la main, paume ouverte, et le requin tourne légèrement la tête, captant le moindre frémissement. Il semble nous tolérer dans son fief, nous teste peut-être, avant de disparaître dans l'infini de l'océan.

Apataki est bien plus qu'un simple atoll perdu dans l'immensité bleue. C'est un sanctuaire, l'un des derniers bastions où la nature s'exprime encore spontanément. Sous sa surface turquoise, un ballet millénaire se perpétue, loin des filets des pêcheurs industriels et du vacarme de la civilisation. Ici, dans cet éden aquatique, les requins gris et les requins-tigres rappellent aux humains leur rôle d'observateurs et non de conquérants. Alors que nous regagnons l'air libre, l'esprit encore imprégné de cette inoubliable rencontre, une certitude nous oblige : il est de notre devoir de protéger ces espaces sauvages, de préserver l'équilibre fragile dont nous dépendons tous. Dès lors, les seigneurs de l'océan régneront encore longtemps dans les profondeurs d'Apataki.

Tony, le pêcheur et le fléau des DCP

Sur la terre ferme, un autre combat se joue. Denis Grosmaire m'a conduit sur le motu où vit Tony, un père de famille connu pour être l'un des meilleurs pêcheurs du secteur. Sa famille s'est installée ici en 1967, sur cette bande de sable blanc jalonnée de cocotiers, entre lagon et océan. Depuis, ses parents, grands-parents, petits-cousins et amis partagent la même vie douce, rythmée par les alizés. Soucieux de préserver la ressource, Tony pratique une pêche raisonnée pour nourrir sa famille et les habitants du coin. « Depuis des générations, le peuple polynésien a toujours appris à respecter l'eau et, comme les anciens, tout le monde dit que si l'on n'y fait pas attention, on vide son garde-manger », témoigne-t-il dans un grand sourire. Il profite de notre présence pour nous alerter sur une menace bien réelle : les dispositifs de concentration de poissons (DCP) dérivants. Il en retrouve très fréquemment échoués sur la plage qui fait face sa maison. Des milliers de ces structures artificielles sont larguées en mer par les flottes industrielles. Elles attirent et piègent toutes sortes de poissons, des plus petits aux plus gros, facilitant ainsi leur capture massive. Par la suite, les bateaux n'ont plus qu'à jeter leurs filets pour récolter la mise. L'utilisation des DCP permet de réduire les coûts liés à la recherche des bancs de poissons et de majorer les prises pour les pêcheurs. Ils constituent cependant un piège désastreux pour la faune marine, dont ils perturbent le comportement, les interactions, la biologie et l'habitat. En capturant indistinctement adultes et juvéniles, ils menacent le renouvellement des populations et peuvent désorganiser les écosystèmes marins, notamment en déroutant la migration des espèces.

« Ces DCP volent nos ressources, s'indigne Tony, ils attirent les poissons hors de nos zones de pêche et les détruisent avant même qu'ils puissent se reproduire. Par exemple, à une époque on pêchait souvent du mahi-mahi, mais maintenant, on est content quand on en voit un ! »

En Polynésie française, les DCP ne sont pas seulement utilisés par la pêche industrielle. La pêche artisanale s'en sert aussi, car ils permettent aux pêcheurs locaux d'attraper plus facilement des espèces comme le thon ou la bonite, ce qui réduit la dépendance aux importations. Ces dispositifs pourtant interdits sont omniprésents. En 2021, plus de 600 DCP ont été localisés autour des îles polynésiennes, une catastrophe pour la faune locale, et pour les pêcheurs traditionnels comme Tony, qui pratiquent une pêche raisonnée, un combat quotidien pour assurer l'avenir.

Afin de limiter l'impact environnemental des DCP, le gouvernement polynésien tente d'encadrer leur utilisation par une règlementation des zones de pêche, la mise en place de quotas et le suivi des stocks halieutiques. Toutefois, des préoccupations subsistent quant à la surpêche et à la pollution engendrée par l'abandon de certains DCP en mer.

L'histoire d'Apataki est aussi celle de ses habitants et de leur cohabitation avec la mer. Les pêcheurs comme Tony connaissent chaque passe, chaque courant, et respectent l'équilibre millénaire de la nature. Ils prélèvent uniquement ce dont ils ont besoin, au moyen de techniques ancestrales qui préservent les ressources marines. Chaque sortie en mer est un dialogue tacite avec les éléments, une leçon d'humilité face à la puissance de l'océan.

ALASKA

DANS LE SILLAGE DES SAUMONS

En vol pour la dernière frontière...

Le bouton du démarreur passe du rouge au vert. D'abord un léger gémissement mécanique, puis l'énorme turbine entraîne l'hélice de l'hydravion dans un vrombissement assourdissant. En quelques instants, les flotteurs glissent à pleine vitesse, déchirant le miroir d'eau paisible des canaux maritimes d'Anchorage. Quelques secondes plus tard, l'engin file dans l'azur, après l'un des décollages les plus délicats que j'ai vécus. Un envol fusionnant l'eau et l'air... une expérience de liberté absolue !

Voler et atterrir où ils veulent, ainsi procèdent les *bush pilots* dans cette partie du monde. Ces «pilotes de brousse», véritables aventuriers du ciel, sillonnent le Nord sauvage et en bravent les conditions extrêmes – bise, blizzard, orages intempestifs...

Par le hublot du cockpit, j'observe une nature intacte, traversée de rivières sinueuses aux reflets de cobalt, hérissée d'immenses pins vert sombre alignés comme un bataillon de soldats au garde-à-vous et, au loin, à l'horizon, des montagnes grandioses et des glaciers étincelants. La vision de cette immensité me remplit d'une sensation indescriptible, celle de pénétrer dans un far-west boréal.

Bienvenue en Alaska ! Cet État tout au nord de l'Amérique est le plus vaste des États-Unis, mythique, indompté, préservé et qui mérite particulièrement bien son surnom de «dernière frontière». Grand comme trois fois et demie la France, le territoire alaskien est protégé sur des milliers de kilomètres grâce à l'existence des parcs nationaux; les routes y sont rares, les hivers rudes, la faune et la flore exceptionnelles... De quoi continuer à faire rêver tous les aventuriers du monde !

N215TS

Une nature et un destin hors du commun

Laissez-moi ouvrir une parenthèse historique. Pendant longtemps, l'Alaska fit partie de l'Empire russe. Si cette contrée fut habitée dès l'époque des grandes glaciations, il y a près de 15 000 ans, sa « découverte » est attribuée à Vitus Jonassen Bering, un marin danois au service de la Russie, auquel on doit le nom du détroit qui sépare la Sibérie extrême-orientale de l'Amérique. Nous sommes en 1741, son expédition est un succès et confirme l'existence de terres riches à cet endroit de la planète. Ce n'est que quarante ans plus tard que les Russes y établissent leurs premières colonies et prennent pleinement possession des lieux. Ils se lancent alors dans le lucratif négoce de la fourrure, notamment celle des loutres de mer, très prisée en Europe et en Asie. À la fin du XVIIIe siècle, les affaires de la Compagnie russe d'Amérique, spécialisée dans ce type de commerce, sont éminemment prospères. Mais les populations de loutres sont rapidement décimées, et les conflits avec les peuples autochtones ont peu à peu raison de la détermination des colons. Alors que les profits déclinent, que les réformes sociales agitent la société russe et que la rivalité grandit avec les Britanniques, le tsar Alexandre II fait face à d'importantes difficultés financières qui l'amènent à céder l'Alaska aux États-Unis en 1867. Conclu pour la somme de 7 millions de dollars, cet achat ne suscite pas immédiatement l'enthousiasme des Américains. Il est volontiers critiqué, voire vilipendé, jusqu'à ce que soient découvertes les richesses de ces terres inhospitalières, notamment l'or, le pétrole et de prolifiques zones de pêche. D'abord considérée comme une folie, l'acquisition s'avère un investissement économique et stratégique finalement très rentable.

Mike, mon *bush pilot*, acquiesce, car comme les pionniers de l'époque, lui aussi a fait le pari de l'Alaska. Né dans le Midwest, le regard bleu et les cheveux d'argent coupés façon GI, il m'explique que l'Alaska est une drogue dure. Débarqué ici à l'âge de 20 ans pour travailler l'été dans des camps de chasse accueillant des aventuriers citadins, il n'est jamais reparti. C'était il y a quarante ans ! Arrivé sans le sou ni diplôme, il a démarré de zéro, comme on dit. Aujourd'hui, il est propriétaire d'une demi-douzaine d'hydravions qui butinent la côte vierge sur des centaines de kilomètres, déposant ici et là chasseurs, trekkeurs et baroudeurs en tout genre.
« Tu sais, l'Alaska est une terre encore sauvage. Tu verras, quand on y prend goût, tout le reste semble fade. » me glisse Mike dans le casque.
Il n'empêche, dans ce monde brut, l'humain est remis à sa juste place.
« Ici, c'est simple, il faut savoir survivre car les conditions sont extrêmes, la météo peut changer d'un instant à l'autre. Je ne dirais pas que les crashs d'avions sont très fréquents, mais c'est ici qu'il y en a le plus en Amérique du Nord. »
Je jette un regard inquiet sur le littoral qui s'éloigne. Face à nous, la mer est agitée, soulevée par une forte houle.
« Moi, je ne traverse jamais une grande étendue d'eau sans une ou deux îles entre mon point de départ et ma destination finale. Parce que si j'ai un pépin avec le moteur, je peux planer sur plusieurs kilomètres et tenter un atterrissage plutôt que de m'abîmer en mer. Les chances de survie sont très faibles dans ces eaux glacées… Et puis, qui viendrait te chercher ici, au milieu de nulle part ? Personne ! C'est ça, la dernière frontière. Il faut se débrouiller seul. » J'esquisse un sourire forcé, m'imaginant déjà avec Mike sur un caillou froid et venteux, tentant de survivre en attrapant des saumons à mains nues dans une rivière. Car si je suis venu là, à plus de 11 000 kilomètres de Paris, c'est justement pour lui, le saumon !

En Alaska, ce poisson est un véritable totem, une obsession. Il en existe plusieurs espèces qui, chaque année, après un périple de plusieurs centaines, voire milliers de kilomètres dans l'océan Pacifique, reviennent par millions pour se reproduire dans les eaux douces de l'Alaska. Mais en plus d'être un phénomène naturel unique au monde, le frai des saumons est aussi le prétexte d'une ruée vers l'or rose pour de nombreux Américains en quête d'une fortune estivale. Certains gagnent

SAUMON ARGENTÉ
Coho
Oncorhynchus kisutch

SAUMON ROSE
Pink
Oncorhynchus gorbuscha

SAUMON ROUGE
Sockeye
Oncorhynchus nerka

SAUMON ROYAL
Chinook
Oncorhynchus tshawytscha

SAUMON KÉTA
Chum
Oncorhynchus keta

jusqu'à 20000 dollars en travaillant d'arrache-pied sur les chalutiers qui capturent ces endurants poissons au cours de leur déplacement saisonnier. Mon but est de mieux connaître ces saumons et de comprendre comment tout un écosystème s'est organisé autour de leur migration, qui a en partie forgé le paysage de cette région méridionale de l'Alaska.

Le grand frisson

Après une heure trente de vol, Mike donne un coup de manche et son bolide hybride fonce vers une longue plage de sable noir, trait d'union entre les eaux sombres du Pacifique et une terre verdoyante piquetée de lacs, parcourue de rivières, et où se mêlent bocages et forêts. Quant à moi, je ne sais plus où donner de la tête !

À ma droite, un glacier millénaire perche jusqu'à 2500 mètres et s'enfonce dans une vallée bordée de collines emmitouflées de forêts primaires. Le paysage est d'une beauté étourdissante. À gauche, m'évoquant un réseau sanguin, une large rivière irriguée de centaines d'affluents donne à contempler des chemins et palpitations de vie de notre planète. Mais ce qui attire vraiment mon attention est ce qui se passe devant moi : Mike en pleine réalisation des manœuvres d'approche. Vitesse équivalente au sol : 250 km/h ! J'ai déjà vécu toutes sortes d'atterrissages, parfois rocambolesques, au milieu de déserts, de jungles, ou même sur de la glace ; j'ai appris à repérer ce petit ruban que forme la trace des roues, semblable à une lacération dans le paysage et sur lequel le bimoteur pourra se poser… mais là, je ne distingue rien ! Certes, l'hydravion peut se poser sur l'eau, mais ce que j'aperçois n'est guère plus grand qu'une mare ceinturée d'un tapis végétal. Si les flotteurs de l'avion percutent un obstacle, c'est le tête-à-queue assuré. L'estomac un peu noué tout de même, je demande à Mike s'il est sûr de lui, car je ne vois pas comment nous pourrons tenir sur ce mouchoir de poche. Il me conseille de ne pas m'inquiéter et m'assure de sa maîtrise. Puis il lève le nez de l'appareil et réduit les gaz. Je ne vois plus devant moi que l'hélice. Par le hublot, je discerne que ce tapis végétal est en réalité constitué de nénuphars à fleur d'eau. À peine ai-je le temps de comprendre que Mike a délicatement posé les flotteurs au milieu de la mare.

« Tu vois, pour amerrir, il me suffit de 80 centimètres d'eau. Mais ici, il faut bien connaître le terrain, car si tu heurtes un rocher… *bye-bye, baby* ! »

Oui, il faut survivre, et personne ne viendra te chercher. J'ai compris !

Quelques instants plus tard, le vrombissement du moteur Pratt & Whitney de 750 chevaux s'éteint. Un envoûtant silence s'installe, à peine rompu par le clapotis de vaguelettes contre la coque des flotteurs et le croassement d'un mystérieux amphibien caché dans les herbes. Dans le ciel bleu vif, le soleil darde ses rayons sur ces terres rugueuses. Aucun doute, l'Alaska est un lieu comme nul autre. On le ressent au plus profond de soi. Une émotion, un saisissement… je ne sais pas exactement encore, mais la majestueuse immensité de ce décor sublime m'affirme que nous sommes réellement loin du monde.

L'ultime filon

L'Alaska est le pays des ruées et des miracles. L'Empire russe en avait fait une région aux profits mirobolants, en particulier grâce au commerce de la fourrure. Mais c'était avant la ruée vers l'or… Notre aventure nous a conduit à Nome, une petite ville de 3 500 âmes située à l'extrême pointe ouest de l'Alaska, sur les rives de la mer de Béring. Prise dans la glace près de six mois par an, elle n'est reliée au reste des États-Unis ou à l'Alaska par aucune route. Seuls un traîneau tiré par des chiens, une motoneige, un bateau ou un avion permettent d'y accéder.

En arrivant, j'ai instantanément l'impression de remonter le temps. Un saloon décrépi, la statue des trois prospecteurs qui les premiers découvrirent de l'or sur la plage et fondèrent la ville, des vestiges de machines à extraire le précieux métal… Tout raconte ce *rush* et un peu de l'histoire de la conquête de ce far-west nordique, durant laquelle l'illusion de faire fortune jeta sur les routes des cohortes d'aventuriers et de migrants. Lesquels, bien souvent, ne trouvèrent que la déception au bout du voyage. À la grande époque de l'or, à la fin du XIXe siècle, Nome attira des milliers de nouveaux arrivants venus s'y établir, et ce village de la conquête de l'Ouest, devint bientôt une bourgade.

De nos jours, la ruée vers l'or a repris, principalement en mer. Longue chevelure blonde et immenses yeux bleus, Emily Riedel est l'un des visages contemporains de cette fièvre. C'est avec elle que je m'apprête à découvrir le métier de « pêcheur d'or ».
Sous l'action de l'érosion, l'or que recelaient les montagnes au XIXe siècle s'est retrouvé dans les rivières et désormais dans la mer. Alors qu'elle se destinait à une carrière de chanteuse lyrique, sans y croire vraiment, Emily se lança finalement dans l'orpaillage. Une décennie plus tard, elle et son mari Alex possèdent un bateau et, quatre mois par an, en été, après la fonte des glaces, ils prospectent les fonds de la mer de Béring.
Ils plongent directement, équipés de combinaisons étanches et reliés à un dispositif d'alimentation en air depuis la surface. Le job est risqué, extrêmement physique, mais il fait toujours rêver les aventurières et aventuriers en quête de prospérité…

La ruée vers l'or rose

L'or, puis l'or noir, aujourd'hui l'or rose… Les ours ne sont pas les seuls à se jeter sur le saumon. Pas très loin de notre lieu d'amerrissage, au bord du golfe de Cook, s'ouvre la Bristol Bay qui, chaque année à la même époque, accueille une gigantesque foire d'empoigne. À partir du mois de juin et pour quelques semaines seulement, des centaines de bateaux affluent, qui ne disposent que de quelques heures par jour pour pêcher la plus grande quantité possible de saumons. L'événement est communément appelé *salmon rush*, la «ruée vers le saumon» sauvage. Les eaux froides et pures de l'Alaska abritent de colossales réserves de ce poisson au goût unique et apprécié aux quatre coins du monde. Voilà pourquoi le saumon est, au même rang que l'ours brun, emblématique de l'Alaska.

Il n'existe pas moins de cinq espèces: le saumon royal (*chinook*), le plus populaire et le plus grand de tous puisqu'il peut atteindre 1,50 mètre et peser plus de 50 kilos; le saumon argenté (*coho*), très prisé par les pêcheurs sportifs en raison de sa combativité; le saumon kéta (*chum*), de gabarit inférieur mais dont les mâles se dotent d'impressionnantes dents affilées durant la période de reproduction, et qui vaut surtout pour ses œufs surnommés «caviar rouge»; le saumon rouge (*sockeye*), à la chair écarlate très riche en oméga-3 et qui possède la plus haute valeur au débarquement; enfin le saumon rose (*pink*), aussi appelé «saumon à bosse» (*humpback*) au motif de la proéminence que développent les mâles durant le frai. Les saumons d'Alaska sont tous anadromes, ce qui signifie qu'ils fraient en eau douce et que leurs alevins migrent vers la mer où ils grandissent jusqu'à l'âge adulte. Pour des raisons encore mystérieuses, les individus en âge de se reproduire retournent vers le fleuve où ils ont éclos et où ils n'engendreront qu'une seule fois!

Toutefois, certaines espèces, comme le saumon rouge, vivent jusqu'à trois ans dans leurs cours d'eau ou lacs natals. Selon les taxons, les saumons sauvages restent entre un et cinq ans à proximité des côtes. À l'occasion de leur montaison, d'énormes bancs de poissons adultes franchissent ainsi le golfe d'Alaska et la mer de Béring, avant de rejoindre leurs fleuves de naissance pour se perpétuer. Les femelles creusent de petits puits dans le lit de ces derniers pour y déposer entre 2000 et 5000 œufs, rapidement fécondés par les mâles. Les uns et les autres meurent ensuite, et leurs restes constituent une ressource alimentaire pour tout un écosystème.

PÉROU

LE DERNIER PÊCHEUR DES FALAISES

Préambule au vertige...

Amérique du Sud, Pérou, octobre 2023. La zone de turbulences est désormais derrière nous. Il fait grand jour, et dans cette treizième heure de vol, le commandant de bord annonce notre approche de Lima, capitale du pays. Collé au hublot, comme un gosse fasciné, je découvre la majesté des Andes. Une kyrielle de pics enneigés et de vallées escarpées s'étend à perte de vue, à la fois grandioses et intimidants... une invitation au voyage et à l'humilité.

Peu à peu, l'impressionnante chaîne montagneuse s'efface et cède la place à l'aride désert côtier. Au loin se profile le Pacifique, immense et scintillant, l'une des raisons de ma venue. Blottie entre deux milieux extrêmes, la cordillère andine et l'océan, Lima se dessine sous mes yeux dans une lumière dorée.

Notre escale est de courte durée. Le temps presse. Un van nous attend pour rallier notre lieu de tournage. Bagages chargés, rapide collation et nous voilà partis pour trois heures de route en direction de Huarmey, plus au nord. Nous commençons par longer les quartiers périphériques de la métropole péruvienne, chaos d'habitations précaires et de rues animées où les néons semblent toujours plus criards à mesure que le jour décline. Puis nous voyons se soulever les premières dunes, hautes et fluides, qui s'étirent à l'orée de la mythique Panaméricaine, tandis qu'à notre gauche, nous apercevons par intermittence l'océan Pacifique. Il faut bien reconnaître que la route est monotone, tout juste ponctuée de temps à autre par un village, un marché, ou des vendeurs postés ici et là sur les bas-côtés. La nuit est déjà tombée et l'air encore doux quand nous parvenons à destination. Mais le besoin de sommeil l'emporte sur tout le reste. Nous déchargeons rapidement le matériel et nous éclipsons chacun dans nos chambres, dans l'unique motel de la ville.

Depuis mes tout premiers reportages, outre privilégier les sièges près des hublots dans l'avion, je cultive l'habitude de me réveiller avant le reste de l'équipe. Un rituel pour prendre la mesure d'un lieu, sentir son atmosphère, croiser les premiers visages, les premiers regards. Mon arrivée quelque part commence toujours par ces premiers pas en solitaire. Les perceptions que je forge à ces instants sont essentielles. Elles m'offrent le fil conducteur de ce qui va suivre. Et je dois avouer qu'aujourd'hui, je ne suis pas déçu !

Découvrir Huarmey, c'est un peu comme être projeté au beau milieu d'un western de Sergio Leone ! L'interminable bande d'asphalte de la fameuse Panaméricaine scinde la ville en deux. Tracé autour des années 1930, cet axe majeur relie l'Alaska, au nord des États-Unis, à Ushuaia, en Argentine, aux confins du continent. Il s'agit d'une route légendaire, l'une des plus longues au monde, empruntée chaque jour par des milliers de camions lestés de vivres et de marchandises. Une fine poussière flotte dans l'air avant de se déposer partout. Mes yeux ne tardent pas à s'en plaindre, c'est un signe. Le signe que non seulement le désert est tout proche, mais qu'il ne nous épargnera pas.

De retour à l'hôtel, je m'assois à l'une des tables en formica et commande un café que je bois tranquillement en attendant mon rendez-vous avec l'un des rares pêcheurs de l'extrême de la région, j'ai nommé Juan Purunga. Il est de ceux qui, pour une poignée de crustacés ou de mollusques, confient leur vie à des cordes élimées et défient le vide, tutoyant les falaises abruptes qui se précipitent dans l'océan Pacifique. Et il est l'un des derniers. Sur ce littoral déchiqueté au nord de Lima, la nature est impitoyable, et nombreux sont ceux qui sont morts en escaladant ces parois culminant à plus de 100 mètres de haut, ou ont été emportés par les vagues. Juan Purunga lui-même a survécu à trois accidents, qui auraient pu très mal se terminer.

Juan, pêcheur funambule

Sur le parking, balayé par les bourrasques de poussière d'un vent qui ne décolère pas, s'arrête une moto qui, dans une autre vie, devait être une Yamaha moto-cross de 250 cm^3. Elle est affublée de longues cannes en bambou, d'un panier et d'un filet, si bien que j'ai l'impression d'être passé du western au film de SF postapocalyptique, genre *Mad Max* ! Chaussé de tongs en plastique déchirées, habillé d'un short et d'un T-shirt lavé par le temps, son pilote scrute le bar d'un œil vif et curieux. Je l'interpelle. C'est bien Juan Purunga ! En quelques minutes, le courant passe.
« Qu'est-ce qui a bien pu t'amener jusqu'ici, à Huarmey ? me demande-t-il, un peu amusé. Ma vie est-elle à ce point extraordinaire que tu fasses le voyage depuis la France pour me rencontrer et me filmer ?
– Écoute, Juan, si ce que j'ai entendu sur toi et ton quotidien sont vrais, les 9 543 kilomètres que je viens de parcourir en valent la peine !
– Dans ce cas, je vais te montrer de quoi il retourne… J'espère que tu n'as pas le vertige. »
Juan paraît à la fois sérieux et ironique.

Pour le suivre, il me faut aussi une moto-cross, car une fois sortis de la Panaméricaine, il n'y a plus de bitume ni même de route, tout au plus les pistes tracées par Juan sur la crête des dunes mouvantes. Par chance, son beau-frère me prête sa toute nouvelle moto. Je m'attends logiquement à récupérer un casque, mais avec un petit rire qui trahit une certaine expérience de la cascade, Juan m'assure qu'il est inutile : « Pas de casque ici ! Pas de problème, le sable est mou en cas de chute… »
Dix minutes après notre départ, les quelques indices de la ville, voire de toute vie, ont disparu au profit du désert, aussi vaste qu'envoûtant. Une ample palette de topaze, d'ocres, de gris et de bruns colore le paysage que dévalent les rares nuages sans pluie, laissant leur ombre nous offrir quelques secondes de répit sous le soleil implacable.
Circuler à moto, cheveux au vent, dans ce décor quasi surnaturel, provoque une sensation de liberté totale, une exaltation telle que tout semble possible. Juan ouvre la voie avec la confiance de celui qui connaît chaque ondulation du sable. De mon côté, je suis si concentré sur sa conduite en zigzag au milieu des dunes que je ne m'aperçois pas immédiatement que le désert prend fin… Je freine violemment à la vue du sable fauve brutalement englouti par l'océan Pacifique qui étend son luisant camaïeu de bleus jusqu'à l'horizon. Et ce n'est pas le contraste des couleurs qui a stoppé net ma course, mais les 125 mètres d'à-pic rocailleux qui m'auraient voué à une mort certaine.
Rien ne pousse, rien ne s'épanouit sur cette côte sèche et infertile, pas étonnant que l'on se soit tourné vers l'océan… bien qu'il soit ici tout, sauf pacifique ! Au pied de ces escarpements époustouflants se cachent des fruits de mer que seuls quelques-uns osent encore aller chercher. À l'instar de Juan, qui éclate de rire devant mon épouvante. Ah, le gringo voulait de l'action, il va en avoir !

« Regarde, Diego, c'est mon bureau ici », dit-il en pointant des kilomètres de côtes écharpées. Viens, rapproche-toi, n'aie pas peur. »
Je n'ai pas particulièrement le vertige, mais m'approcher du vide, pour essayer d'entrevoir la mer rageuse qui s'abat inlassablement sur cette muraille, n'a rien de spontané. Mes pas sont hésitants car, au risque de me répéter, il y a peu de chance de réchapper d'une chute ici.
« Tu sais, avant nous étions une petite vingtaine à exercer ce métier ; maintenant, nous ne sommes plus que dix, poursuit Juan d'un ton détaché. Pas mal de mes collègues sont morts sur ces falaises, il faut faire très attention. Ma femme, elle, ne veut plus que je vienne… Mais tu vois, c'est comme une drogue pour moi… »
Quelques gouttelettes de sueur perlent sur mon front, et ce n'est pas à cause de la chaleur ! J'ai à l'esprit la pensée obsédante de confier ma vie à une simple corde et me suspendre à une paroi vertigineuse, avec plus de 120 mètres de vide sous les pieds… Quelle idée ! Alors que nous progressons en bordure de falaise, une petite croix de bois surgit au détour du chemin, tournée vers la mer. « Il s'appelait Diego, il est mort ici il y a huit ans, c'était mon meilleur ami », m'indique Juan, sans un mot sur le fait que je porte le même prénom.

Les raies mantas, géantes d'Équateur

Comme nous l'avons vu, le froid courant de Humboldt recèle de phénoménales réserves planctoniques, qui rendent l'océan particulièrement poissonneux à cet endroit de la planète, et font du Pérou l'un des premiers pays de pêche au monde. Puis il poursuit sa course jusqu'en Équateur, pays réputé pour son incroyable biodiversité, et trouve sur sa trajectoire l'île de la Plata, surnommée la « petite Galápagos ».

ÎLE DE LA PLATA, FACE AUX DANGERS DE L'OCÉAN

À un peu plus d'une heure du littoral équatorien, cette île fait partie du parc national de Machallila, créé en 1979. Elle constitue un sanctuaire pour la faune terrestre et marine, dont la vedette est la raie manta, étonnant poisson lointain cousin des requins, avec lesquels elle partage son squelette cartilagineux. Inoffensive et méconnue, l'ensorcelante raie manta est aujourd'hui « en danger » d'extinction, selon le classement de l'Union internationale pour la conservation de la nature (UICN).

Michel Guerrero, biologiste marin et plongeur chevronné, est l'un des meilleurs connaisseurs de ces animaux. Chaque année depuis plus de dix ans, une équipe de scientifiques venus des quatre coins de la planète le rejoint pour observer ces géantes. Car chaque année, à la même période, elles convergent en grand nombre vers l'île de la Plata, probablement pour se reproduire. Ce qui ferait de cet endroit le plus grand site de reproduction de *Mobula birostris* au monde.

Manta signifie « couverture » en espagnol, ce qui décrit assez pertinemment le corps de ces poissons larges et plats, susceptibles d'atteindre 7 mètres d'envergure et de peser plus d'une tonne. La forme en losange de cette raie est dominée par d'amples nageoires pectorales qui ondulent lorsqu'elle nage et donne littéralement l'impression qu'elle vole dans l'eau. Son corps comprimé est majoritairement de couleur sombre sur le dessus, avec parfois des motifs blancs distinctifs, tandis que la face ventrale est, à l'inverse, blanche et irrégulièrement tachée de sombre. Différent pour chaque individu, l'ensemble de ses taches permet aux scientifiques d'identifier chacun. Telles des cornes, deux lobes céphaliques situés de part et d'autre de sa tête lui valent parfois le surnom de « diable de mer ». Ces appendices, qui peuvent s'enrouler ou se déployer, l'aident à canaliser le plancton vers sa large bouche.
Il semble par ailleurs que les raies mantas ne dorment jamais, elles sont toujours en mouvement. Avec ses arabesques gracieuses, sa taille impressionnante et son comportement original, elle incarne l'une des créatures marines les plus fascinantes et les plus majestueuses, tout à la fois splendeur et mystère des océans tropicaux et subtropicaux du globe.

DANSEUSE DES EAUX

La raie manta est capable de chasser à des centaines de mètres de profondeur et de parcourir des milliers de kilomètres à travers le Pacifique. Cette géante est un filtreur qui se régale principalement de plancton et de petits poissons. Pour se nourrir, elle nage la bouche grande ouverte et, ce faisant, engloutit des milliers de litres d'eau, qu'elle expulse ensuite par ses branchies, qui retiennent ses petites proies. Afin de maximiser ses captures, elle peut adopter différentes postures ou comportements. Ainsi mène-t-elle ses sessions alimentaires près de la surface ou au fond de l'eau ; elle effectue aussi des mouvements circulaires, voltefaces ou inclinaisons, et va même jusqu'à former ce que l'on pourrait appeler des « trains de nourrissage », avec des congénères en file indienne, chacun légèrement en surplomb du précédent. Le comportement social des raies mantas est captivant ! Elles sont connues pour leurs interactions avec leurs semblables, certes, mais aussi avec d'autres espèces.
Sous l'eau, à 40 mètres de profondeur, Michel Guerrero approche d'un gros rocher autour duquel s'agite des nuées de poissons. C'est une *station de nettoyage*, un endroit où les raies mantas viennent régulièrement se faire toiletter par des labres. Ces poissons récifaux inspectent son corps pour le débarrasser de ses squames et parasites. Les séances peuvent durer plusieurs minutes et sont cruciales pour la santé de ces dames.

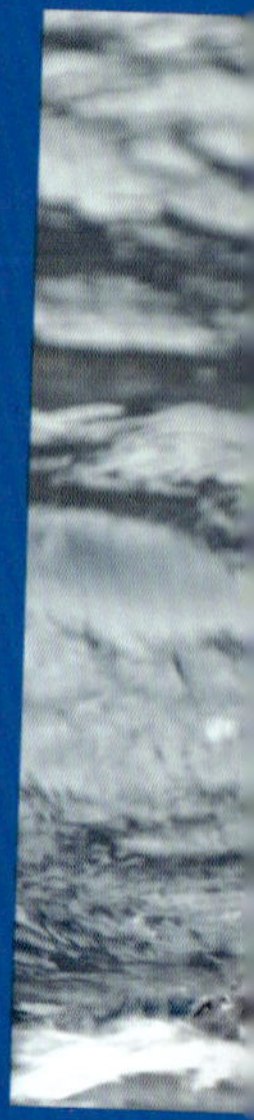

«Je me suis rendu compte que les bulles qui s'échappent de ma bouteille de plongée font fuir les rémoras. Ces poissons ont sur la tête un disque qui fait office de ventouse, qu'ils utilisent pour se fixer sur les raies bien malgré elles. J'ai l'impression que la fuite de ces pique-assiettes soulage les raies. Il arrive que je les voie faire demi-tour et revenir vers moi. Je considère que c'est la preuve de leur intelligence, puisqu'elles font le lien entre ces bulles et leur bienfait», m'explique Michel, avec un grand sourire.

La raie manta est en effet reconnue pour ses facultés cognitives, parmi les plus développées chez les poissons. Des études ont montré qu'elle est capable de se reconnaître dans un miroir, signe d'une conscience de soi avancée. Elle manifeste également une curiosité marquée envers les plongeurs, desquels elle s'approche souvent sans crainte pour les observer. Elle subit pourtant de plein fouet les conséquences des activités humaines.

«Il m'est souvent arrivé de libérer des raies mantas piégées par des enchevêtrements de fils en plastique ou des filets de pêche, rapporte Michel Guerrero. Elles croisent beaucoup d'obstacles pendant leurs migrations. Grâce aux tags que nous leur avons implantés, nous savons qu'elles parcourent de très longues distances, comme d'ici au sud du Pérou. Malheureusement, ces trajets les exposent à de nombreux dangers, notamment la pêche. Or, si nous comprenons mieux leurs déplacements, nous pourrons proposer des mesures de protection plus efficaces.»

Hors des zones protégées, notamment dans les eaux internationales, les menaces se multiplient – collisions avec des bateaux, filets fantômes, prise accessoire ou pêche ciblée, etc. «À certains endroits, elles sont chassées pour leurs branchies, utilisées en médecine traditionnelle.» Leur chair est également consommée dans plus d'une trentaine de pays.

Leur faible taux de reproduction aggrave la situation. Une femelle n'engendre que cinq ou six petits au cours de sa vie. «Si cela continue, dans 75 ans, il n'y aura plus de raies mantas», avertit Michel avec gravité. Le lien que j'ai créé avec elles me pousse à agir. Ces animaux sont présents dans l'océan depuis des millions d'années et ne méritent pas de disparaître à cause des abus humains.»

Heureusement, des efforts de conservation existent. La raie manta est désormais protégée dans de nombreuses régions, grâce à des initiatives mondiales, à l'exemple de la Convention sur le commerce international des espèces de faune et de flore sauvages menacées d'extinction (CITES). En Équateur et ailleurs, les zones marines protégées et l'écotourisme durable contribuent à leur sauvegarde, tout en sensibilisant le public à leur importance écologique.

D'un pas assuré, il marche le long de la crête vertigineuse survolée par des goélands, mouettes et fous à pieds bleus.
Soudain, il me désigne fièrement une tige en fer rouillé qui dépasse de 20 centimètres du sol. « Tu vois, ça, c'est ce que j'utilise pour descendre. Je prends la corde, je lui donne quelques tours et, surtout, je pose ensuite des cailloux par-dessus. Cela évite que les oiseaux jouent avec les bouts. Ils adorent ça et, parfois, ils relâchent le nœud, ce qui est évidemment très dangereux ! »
Je lève la tête, ces oiseaux libres et gracieux ne me font plus exactement le même effet, et me paraissent bien plus sinistres à présent.

Je tire de mon sac à dos un baudrier d'escalade, un casque, des gants et quelques mousquetons. Mon expérience d'alpiniste est très limitée, et je pèse avec lucidité ce que je m'apprête à faire. Le vide sous mes pieds m'oppresse déjà. Juan, lui, n'a aucun matériel à préparer. Il descend à la force des bras. Pas de sécurité, pas d'équipement… Rien ! Juste une corde. Et il n'a même pas le physique sec et anguleux des montagnards. Avec son visage rond et sa petite surcharge pondérale, on l'imaginerait plus volontiers mécano ou cuisinier. Pourtant, c'est à la force de ses bras que, chaque jour, il défie la gravité, parcourant à mains nues ces parois périlleuses.
« Tu sais, je suis tombé déjà plusieurs fois. Jamais d'aussi haut, sinon je serais mort, mais une fois, j'ai fait une chute de plus de 10 mètres. Je te jure, c'est comme dans les films, tu vois ta vie défiler devant tes yeux. Le temps ralentit pendant que tu dégringoles dans le vide. J'ai terminé à l'hôpital avec plusieurs fractures. Mais tu vois, je suis de retour et tout va bien », m'affirme-t-il en riant. Je force un sourire, je ne sais pas trop comment prendre l'anecdote. Est-elle censée me rassurer ?

La corde est arrimée au pieu, et moi, j'en fixe la portion solidement tenue entre mes mains, je tourne le dos à l'océan. Loin, en contrebas, les remous écumants semblent attendre ma faute d'appui. J'obéis à la voix de Juan qui me guide. « Vas-y Diego, recule lentement, encore un peu… » Mes pieds tremblent, mes orteils se replient en vain à l'intérieur de mes chaussures, comme pour s'agripper au terrain qui se dérobe, mes talons ne reposent plus sur rien.
Je recule et opère un mouvement contraire à l'instinct de survie : je bascule lentement le poids de mon corps vers le précipice. Désormais, j'entrevois entre mes jambes le vide abrupt, les vagues qui se fracassent tout en bas sur les roches noires. Je fais encore quelques pas… et soudain, la corde qui soutient la totalité de mes 100 kilos se détend et me fait brusquement chuter de 2 mètres ! Ça y est, je suis à flanc de falaise, sous le promontoire rocheux. Mes pieds dérapent un peu sur une fine couche de lichen qui a poussé là, tolérant l'humidité saline de l'océan. Au fur et à mesure que je progresse, je sens la roche stratifiée s'effriter. Mes mains sont comme collées à la corde qui, au gré du vent, balance entre mes jambes sur toute la hauteur de la paroi. Juan essaie de m'encourager, mais j'entends à peine sa voix. Je n'irai pas plus loin. Mon seul souhait est de remonter. Je veux remonter et fouler à nouveau la terre ferme. Descendre le long de cette falaise de 125 mètres était un pari fou que j'ai perdu.

Un restaurant, leur fierté

Pour me remettre de mes émotions, Juan m'invite à déjeuner dans son restaurant. Enfin... celui de sa femme, Lili ! L'établissement niche à l'écart de la Transaméricaine, dans une ruelle sans bitume où des liasses de fils électriques enchevêtrés se jettent de toit en toit. Logé à l'intérieur d'une coquette petite maison, fleuri et accueillant, il s'agrémente d'un patio où sont dressées une dizaine de tables.
En cuisine, Juan me présente son épouse qui, aidée d'une employée, s'affaire à confectionner les plats du jour – ragoûts de poissons, fritures et salades. Ça sent délicieusement bon la coriandre, le citron vert et les épices. Souriante et avenante, Lili m'invite à prendre place à l'une des tables de la terrasse ombragée. Assis, les pieds enfin fermement appuyés au sol, je me rends compte que mes jambes tremblent encore. Autour de nous, le restaurant s'est rempli en quelques minutes. Serait-ce l'une des meilleures tables de Huarmey ? Juan s'assoit en face de moi, tandis que les clients des tables voisines semblent savourer le contenu de leurs assiettes. J'y devine le produit de sa pêche, de ses descentes intrépides, de son labeur quotidien, affrontant seul la mer.
« C'est une fierté, me confie-t-il, nous devons cette réussite au travail de Lili et aussi au mien. Elle rêvait de ce restaurant. Nous l'avons fait ensemble ! »

Juan peut extraire jusqu'à 300 soles (70 euros) de crustacés en une journée.
« Pour autant, cela vaut-il vraiment la peine de risquer ta vie ?
– Tu sais Diego, j'ai passé plusieurs années en ville, à Lima. J'étais employé de bureau dans une compagnie d'assurances, six jours sur sept. J'avais à peine 30 minutes pour avaler un sandwich à midi, je passais des heures dans les transports. Une routine infernale, chaque jour ressemblait au suivant. Et tout ça, loin de la mer. Je n'ai pas tenu. Je suis revenu à Huarmey, et j'ai repris mes cannes et ma moto, direction les falaises ! Même si j'avais tout l'argent du monde, je continuerais à venir », m'explique-t-il.

Il me raconte l'appel irrésistible de la nature sauvage, le grisant pic d'adrénaline que lui procurent chaque descente et chaque remontée.

Lili apporte une assiette débordant de prises pêchées la veille par Juan. Un riz parfumé à la tomate et, bien sûr, accompagné du plat national : le ceviche d'ormeaux cuits dans une marinade de citron vert, de coriandre et d'oignons rouges. Elle lance des regards crispés en entendant Juan évoquer son quotidien avec tant de désinvolture. N'y tenant plus, elle l'interrompt et parle de sa peur au quotidien, lorsqu'elle le voit partir avant l'aube pour aller pêcher.
« Quand tu l'as rencontré, savais-tu qu'il faisait ce métier ?
– Je savais qu'il était pêcheur, mais j'ignorais dans quelles conditions. C'est après, quand il m'a emmenée et montré où il exerçait, que je me suis dit qu'il était fou.
– Les gens qui viennent ici savent comment tout cela arrive dans leur assiette ?
– Je demande à la serveuse d'expliquer aux clients que c'est un sacrifice de pêcher dans une mer aussi dangereuse. Mais il y a des gens qui ne comprennent pas, ils ne se rendent pas compte des risques pris par Juan pour rapporter ces poissons et fruits de mer.
– Mais toi, Juan, ce que tu aimes par-dessus tout, c'est monter et descendre les falaises ?
– Oui, je préfère ça à pêcher du bord ou prendre un bateau. Quand tu as ça dans le sang, tu ne peux pas y renoncer. Une fois que tu as connu cette excitation, tu ne peux plus t'en passer.
– Et toi, Lili, tu as atteint tes limites ?
– Oui, ça devenait trop difficile, parfois il ne rentrait pas avant 7 ou 8 heures du soir, je m'inquiétais terriblement, c'était horrible de ne pas savoir s'il allait revenir... J'en avais assez d'imaginer le pire tout le temps. »
À la fois sérieux et compréhensif, Juan me prend à témoin : « Je fais attention maintenant. J'ai promis à Lili de ne plus pêcher au pied des plus hautes falaises. Surtout depuis que nous essayons d'avoir un enfant. »
Ses mots sont empreints d'une sincérité, d'une volonté, peut-être, de montrer qu'il ne brave pas seulement le vide pour lui-même, mais aussi pour

ceux qui l'attendent à la maison. Le déjeuner terminé, Juan me propose de retenter ma chance sur une falaise moins abrupte que la première.

Me voilà de nouveau harnaché, équipé de mon baudrier et de mon casque. Le visage contre la paroi, j'entame une pente raide, mais cette fois, je ne suis pas suspendu seul dans le vide, Juan me précède. Il effleure à peine le rocher et me donne l'impression de virevolter. Patient, il m'attend, me guide. Mais après 40 minutes de descente, l'escarpement pentu s'est transformé en muraille verticale. On y est! Je vais devoir me confronter une bonne fois pour toutes à ma peur du vide. Avec cette tentative réitérée, ce n'est pas 125 mètres que je dois dévaler, mais *seulement* 60! Je décide de m'engager franchement et me lance d'un petit bond, puis d'un second, le buste parallèle à la falaise, les pieds à son contact. La descente dure quelques minutes et s'achève sur un large replat au niveau de la mer.

Juan sort de son sac une combinaison de néoprène qu'il enfile sans perdre une minute. Je l'ai retardé, et il ne reste plus que quelques heures d'ensoleillement. En plus de sa combinaison de plongée, il a emporté deux grandes cannes en bambou de 4 mètres de long. Il est le seul à pêcher de cette manière, avec ses deux cannes pour prolongement de ses bras. Là encore, il est incroyablement agile, et ni les vagues ni l'écume ne l'effraient. C'est sa botte secrète! Pour échapper à leurs prédateurs, les ormeaux se cramponnent solidement à la surface rocheuse giflée par les vagues. La houle est si déchaînée qu'il est impossible de s'en approcher. Pour pallier la difficulté, Juan a fixé une sorte de spatule à sa première perche et un petit panier à la seconde. D'un coup sec, il détache l'ormeau et le récupère dans le panier. Simple en apparence, ce geste requiert une rare dextérité. Mes propres tentatives restent quasiment toutes infructueuses – je n'ai collecté qu'un seul coquillage en 30 minutes, pendant que Juan, lui, remplissait son panier! Je le regarde bondir de rocher en rocher, au rythme du ressac qui l'éclabousse copieusement, comme si Neptune lui-même cherchait à le faire tomber. Comment imaginer cet homme dans un bureau, au milieu d'une ville de béton suffocante et polluée? Je comprends son retour aux sources.
Juan est libre, vivant, au plus près des éléments, conscient d'avoir de la chance et d'exercer ce qu'il considère comme l'un des plus beaux métiers.

Après une heure trente de pêche, il extrait de son sac un citron vert et un couteau. Nous nous posons tous deux au pied de la falaise, et en quelques coups de lame, il ouvre des ormeaux que nous arrosons d'un filet de jus de citron avant de les avaler crus, face au soleil qui commence à embraser le Pacifique. Un moment de grâce...

Le courant marin de Humboldt

ALEXANDER VON HUMBOLDT

Dans les eaux froides et fécondes qui longent la côte ouest de l'Amérique du Sud, un courant invisible et néanmoins déterminant façonne les contours de la vie marine. Il s'agit du courant de Humboldt, du nom de l'explorateur et naturaliste allemand Alexander von Humboldt, qui le découvrit au début du XIXe siècle.

Contrairement à Christophe Colomb ou Isaac Newton, Humboldt n'a pas découvert de nouveaux territoires ou continents, mais il a changé notre perception du monde. À ce titre, beaucoup le considèrent aujourd'hui comme le père de la géographie moderne et de l'écologie, d'autant qu'il a été le premier à déclarer que la Terre est comme un organisme vivant, dont l'équilibre peut être altéré par les activités humaines.

À l'instar de tous les explorateurs européens de l'époque en quête de *terra incognita*, Humboldt sillonne la planète avec les moyens les plus rudimentaires – navigation et marche à pied ! Soutenu par le roi d'Espagne Charles IV, il organise le premier une expédition sous les tropiques latino-américains. Elle durera cinq ans, de 1799 à 1804. Accompagné de son ami et complice le botaniste Aimé Bonpland, il voyagera du Venezuela au Pérou et du Mexique à Cuba. Ensemble, ils naviguent sur les fleuves, parcourent des forêts vierges et gravissent les plus hauts sommets. Cette expédition permet notamment de collecter une quantité importante d'informations sur la biodiversité et le climat de ces territoires.

Le courant marin qui porte aujourd'hui son nom est connu pour son effet régulateur sur le climat, et son impact sur la faune et la flore. Il y a déjà des siècles, les pêcheurs et les marins autochtones avaient bien remarqué que l'eau le long des littoraux équatorien, péruvien et chilien était plus froide, mais personne n'avait entrepris d'évaluation précise. Féru de mesures tous azimuts, Humboldt enregistre la température et la vitesse de ce courant le long de la côte pacifique. Les données qu'il recueille et analyse permettent de constater que la température de l'eau est inférieure d'environ 10 °C à celle d'autres parties de l'océan Pacifique. Cette découverte constitue une avancée majeure pour la science. Comme un vieux loup de mer qui raconte des histoires de mondes engloutis, ce fleuve sous-marin murmure à qui veut l'écouter les secrets d'une richesse insoupçonnée.

UN EXCEPTIONNEL COURANT DE VIE

Froid et vigoureux, le courant de Humboldt remonte des profondeurs proches de l'Antarctique et charrie avec lui les pépites d'un trésor invisible, imperceptibles particules nutritives indispensables à tout l'écosystème marin. Ces eaux profondes, notamment chargées de nitrates et de phosphates, nourrissent les plus infimes résidents de la mer, à commencer par le phytoplancton. Pratiquant la photosynthèse, processus consistant à convertir en énergie la lumière du soleil, ces micro-organismes végétaux non seulement forment le prolifique substrat de la chaîne alimentaire aquatique, mais ils produisent aussi la moitié de l'oxygène que nous respirons sur Terre. Ici, chaque goutte d'eau porte en elle la promesse de vies multiples, car le phytoplancton attire le zooplancton, de minuscules animaux marins eux-mêmes la proie de poissons comme les sardines, les anchois et autres. À leur tour, les vastes bancs de ces poissons argentés suscitent la convoitise d'une armada de prédateurs, des oiseaux marins plongeant du ciel aux nonchalantes baleines voguant des confins océaniques en passant par une foule de prédateurs dentus.
Le froid courant de Humboldt regorge également d'oxygène dissous, ce qui contribue à maintenir l'abondance de la vie marine. Cette disponibilité en oxygène est fondamentale pour les poissons pélagiques et les organismes benthiques qui peuplent ces eaux côtières.

UN ROYAUME POUR TOUS

Dans ces eaux froides et claires, les grandes baleines trouvent leur festin. Qu'il s'agisse de rorquals bleus ou à bosse, elles viennent ici se goberger de krill et de petits poissons. Lorsque l'un de ces majestueux cétacés émerge

ÎLE
MAURICE
DANS LE MONDE SECRET
DES CACHALOTS

Retrouvailles avec le clan

Hémisphère sud, mai 2021. C'est par une nuit chaude et moite, typique de l'été austral, que j'arrive à Port-Louis, capitale de l'île Maurice. Quelques heures d'un sommeil agité n'ont pas eu raison de mon excitation. Le matin, je suis au rendez-vous sur la jetée, prêt à embarquer. L'équipe est déjà là, puis arrivent les «patrons», François Sarano et René Heuzey, compères et complices. Le premier est océanographe, tandis que le second est réalisateur et caméraman sous-marin. Je m'apprête à embarquer avec eux pour une aventure dont j'ignore encore tout.

Nous quittons la terre ferme et laissons derrière nous les volcans endormis de Maurice et ses falaises de basalte chahutées par l'océan Indien. Cap vers le large. Nous passons la barrière corallienne. La houle est faible, et nous glissons sur cette nappe bleu marine à peine ondulante, jusqu'à ce que Pascal, le skipper qui scrute la surface, nous signale la présence du «clan». Mais celui-ci semble encore bien loin…

Dans ces eaux chaudes, à quelques miles nautiques de la côte, chaque année à la même époque croise une famille de cachalots. Nom scientifique: *Physeter macrocephalus*. Chez ces mastodontes, certains grands mâles peuvent avoisiner une vingtaine de mètres de long et peser près de 50 tonnes. Ces odontocètes, ainsi que l'on désigne les baleines à dents, comptent parmi les plus grands des prédateurs du vivant. Bien qu'ils chassent communément autour de 1000 mètres de profondeur, ils sont capables de plonger jusqu'à 3000 mètres pour dénicher les poissons et calmars géants dont ils se nourrissent.

La première étape est de les repérer. Après une heure de navigation, Avin, l'autre skipper, jette l'ancre et sort son matériel, soit un hydrophone de sa fabrication. Il s'agit en effet d'un vieux saladier fixé à l'extrémité d'une perche, à l'intérieur duquel a été accroché un micro et qui sert de parabole. Avin immerge ce dispositif rudimentaire mais fiable, qui lui permet d'entendre les sons émis par les cachalots à des kilomètres à la ronde.
Il me tend le casque et, en quelques secondes, au milieu des borborygmes de l'océan, je distingue les fameux clics à la base du langage des cachalots. C'est sûr, ils sont bien là, et probablement pas si loin.

Le bateau repart dans la direction des cliquetis. Le clan est vite repéré. René et François précisent leur stratégie, en l'occurrence dépasser les cachalots et immobiliser le bateau à 100 mètres devant eux, quasiment sur leur trajectoire. Pascal pilote doucement pour ne pas les effrayer et éviter qu'ils sondent – terme usuel pour dire qu'une baleine plonge. En dehors de leurs expéditions de chasse, les cachalots nagent paisiblement de 3 à 6 km/h seulement, ce qui facilite leur approche. Pascal coupe les moteurs. Commence alors un étrange branle-bas de combat, silencieux et réglé comme un ballet. René, François et moi nous équipons sans mot dire, combinaisons de plongée et bouteilles pour tous, plus une caméra pour le premier et un enregistreur acoustique pour le second. Nous sommes chanceux, les cinq cachalots n'ont pas dévié et avancent vers nous, pas le moins du monde effrayés. J'identifie une mère et son petit. Mon cœur s'emballe!
«René, à quoi dois-je m'attendre? Est-ce que l'une de ces grosses bêtes peut me foncer dessus, m'attaquer?
– Tu ne crains rien. Ils sont très impressionnants, tu es vraiment face à des sous-marins, mais ils t'éviteront. Sinon, tu te pousses! Les cachalots ne sont pas des animaux agressifs, en tout cas pas avec les plongeurs. Au pire il sondera… et tu ne le reverras pas avant un moment.»

René et François sont prêts. Ils attendent le moment le plus propice. Les secondes me paraissent interminables. Enfin le signal est donné! J'ajuste mes palmes, masque et tuba, et me mets à l'eau. Après une longue inspiration, je disparais de la surface. Je palme fermement mais sans remous. Mon rythme cardiaque semble avoir ralenti. La visibilité est parfaite. Ils sont juste là, face à moi, immobiles en position de chandelle, c'est-à-dire le corps à la verticale. C'est donc l'heure de la sieste. Si près de ces prodigieux menhirs, je ne me suis jamais senti aussi petit. Je m'approche de l'un d'eux. Il ouvre un œil. Nos regards se croisent une fraction de seconde, suffisamment longtemps pour que je sois bouleversé. Seul le monde sauvage peut offrir de pareils moments.

En remontant à la surface, je récupère ce qui ressemble à une algue.
« Regardez, René, François. J'ai trouvé ça.
– C'est un fragment de peau. C'est avec ça que l'on effectue des analyses génétiques. L'étude de lambeaux de peau issus de plus d'une trentaine d'individus, voire une cinquantaine si l'on rajoute les mâles, a permis, pour la première fois dans le monde, de dresser l'arbre généalogique de l'ensemble du clan. C'est unique et exceptionnel ! Nous avons pu reconstituer les parentèles et remonter jusqu'à l'arrière-arrière-grand-père du groupe. Dès lors, je me sens un peu comme un anthropologue qui essayerait de comprendre une société inconnue. S'immerger parmi ses individus est indispensable. Bien sûr, au début, on dérange un peu, mais au bout d'un moment, on est accepté.
– J'imagine que ce suivi au long cours est une formidable opportunité de mieux les comprendre ?
– Absolument ! C'est ainsi que nous pouvons mettre en évidence des comportements sociaux singuliers. Par exemple, nous avons constaté l'existence d'affinités entre certaines femelles qui passent beaucoup de temps ensemble, bien qu'elles ne soient pas apparentées. Nous n'en tirons pas de conclusion, mais c'est extrêmement intéressant ! Nous nous sommes également rendu compte que certaines femelles semblent endosser le rôle de nourrices, notamment en allaitant des petits qui ne sont pas les leurs. Elles permettent à ces tout jeunes cachalots de grandir et de survivre dans l'océan, même si leur mère les négligent. C'est étonnant ! s'enthousiasme François, qui a donné un nom à chaque individu du clan. Prenons Germine, au hasard... C'est une femelle dont la fonction est essentielle au sein du clan. Quand les mères plongent vers les abysses pour aller capturer leurs proies, Germine reste en surface avec les juvéniles. Faisant office de baby-sitter, elle s'en occupe comme dans une crèche et se laisse même téter bien qu'elle n'ait pas de lait.
– On t'a accusé d'*anthropomorphisme sentimental* parce que tu attribues des noms aux cachalots que tu étudies, qu'en penses-tu ?
– Effectivement, j'ai rapidement été critiqué. Mais de mon point de vue, une numération serait inutile et même malsaine. Désigner un animal par un numéro, c'est nier son individualité. Croire encore que nous ne perchons pas sur le même arbre du vivant que nos autres « coloca-terres » est une erreur majeure. On donne des numéros à des voitures, à des machines à laver, à des smartphones... Faire de même pour un animal, c'est le chosifier, le standardiser. Je revendique de prénommer les cachalots. Quand des gens qui m'accompagnent, disent ensuite "Ah, c'est fantastique, j'ai vu Eliot !", quels seraient le souvenir et l'impact de leur rencontre s'ils disaient "Ah c'est formidable, j'ai vu 3643 ?" Alors ? »
François a piqué ma curiosité. J'ai hâte de retrouver la petite famille. D'ordinaire, seuls les scientifiques ont le droit d'approcher les cachalots sous l'eau, car l'espèce est protégée. Le moment semble à nouveau favorable. Je plonge, guidé par René...
Le clan achève sa sieste. Entre deux séances de chasse, les cachalots veillent en effet à se reposer. Ils dorment peu et jamais des nuits entières, mais s'accordent en revanche de nombreuses et courtes siestes. Le bébé cachalot a réveillé sa mère. Plus je les observe, plus ils me fascinent. Échange de regards, câlins, jeux... j'ai l'impression d'entrer dans leur vie, leur intimité, et d'être accepté. Comme à cet instant, où Varuna, né un mois plus tôt, tète sa mère Lucie. Dans cette société matriarcale, les grands mâles adultes ne se joignent au clan que pour se reproduire, et mènent le reste du temps de longues expéditions alimentaires en Antarctique.

LONGITUDE 181

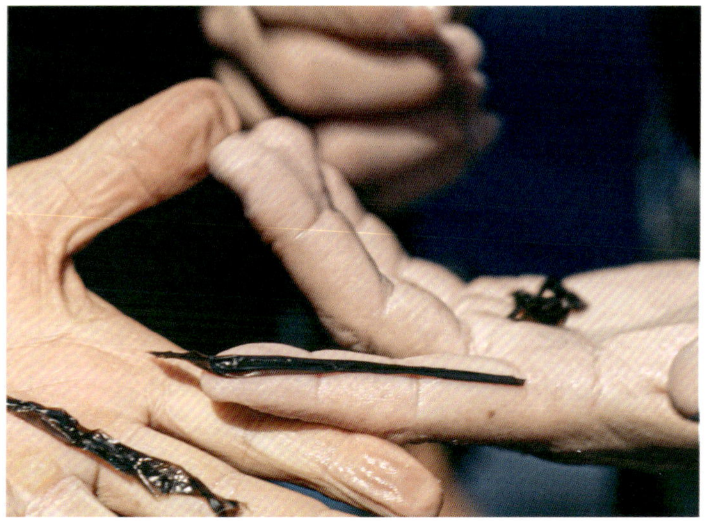

Le langage des cachalots

Lors de ma troisième et ultime plongée au milieu du clan des cachalots, j'ai tout particulièrement prêté attention à leurs émissions sonores. Une fois sous l'eau, à quelques mètres de ces titans, j'ai pu écouter leur chœur, composé de clics m'évoquant du morse mais aussi de couinements comparables à des grincements de portes, ou encore de sortes de grommellements. Pas exactement le monde du silence ! D'autant que les cachalots diffusent dans les paysages aquatiques des sons susceptibles de se propager sur une centaine de kilomètres sous l'eau.

« Dans le règne animal, le cachalot est le roi du son du point de vue de la puissance, mais aussi de la qualité de son sonar, le plus sophistiqué de tous. Ses émissions phoniques équivalent à celles d'un avion à réaction au décollage. Même les sonars militaires sont moins précis que le sien, s'enthousiasme Hervé Glotin, le troisième homme de la bande, bioacousticien et spécialiste du langage des animaux. *Les codas*, ou séries de clics, produits par les cachalots, leur servent à se repérer dans l'océan. Ils partagent cette faculté, appelée « écholocation », avec les dauphins et les chauves-souris : l'onde du son créé se propage alentour et lorsqu'elle heurte un obstacle – un relief, une proie ou autre – elle renvoie un écho vers son émetteur qui peut ainsi cartographier mentalement et avec précision son environnement. Dans le cas de *Physeter macrocephalus*, le son produit est amplifié par un trajet aller-retour dans le melon, entre deux sacs aériens faisant office de miroirs sonores. Ce système de visualisation acoustique est si perfectionné que, grâce à lui, le cétacé peut capturer ses proies dans l'obscurité totale des abysses. D'aucuns avancent même qu'il peut *voir* à l'intérieur de ses proies et de ses congénères ! »

Hervé Glotin collabore avec François Sarano depuis plusieurs années. Leur travail est en quelque sorte complémentaire. Pour en savoir toujours plus sur la communication des cachalots, il a mis au point des systèmes de captation sous-marine associant une caméra couplée à plusieurs hydrophones pour obtenir le son en 3D, ainsi que des algorithmes permettant de déterminer quel individu est à l'origine du clic.

À bord du bateau d'exploration, le matériel acoustique est déployé sous mes yeux. Le nouveau micro tout à fait spécial et unique au monde, mis au point par

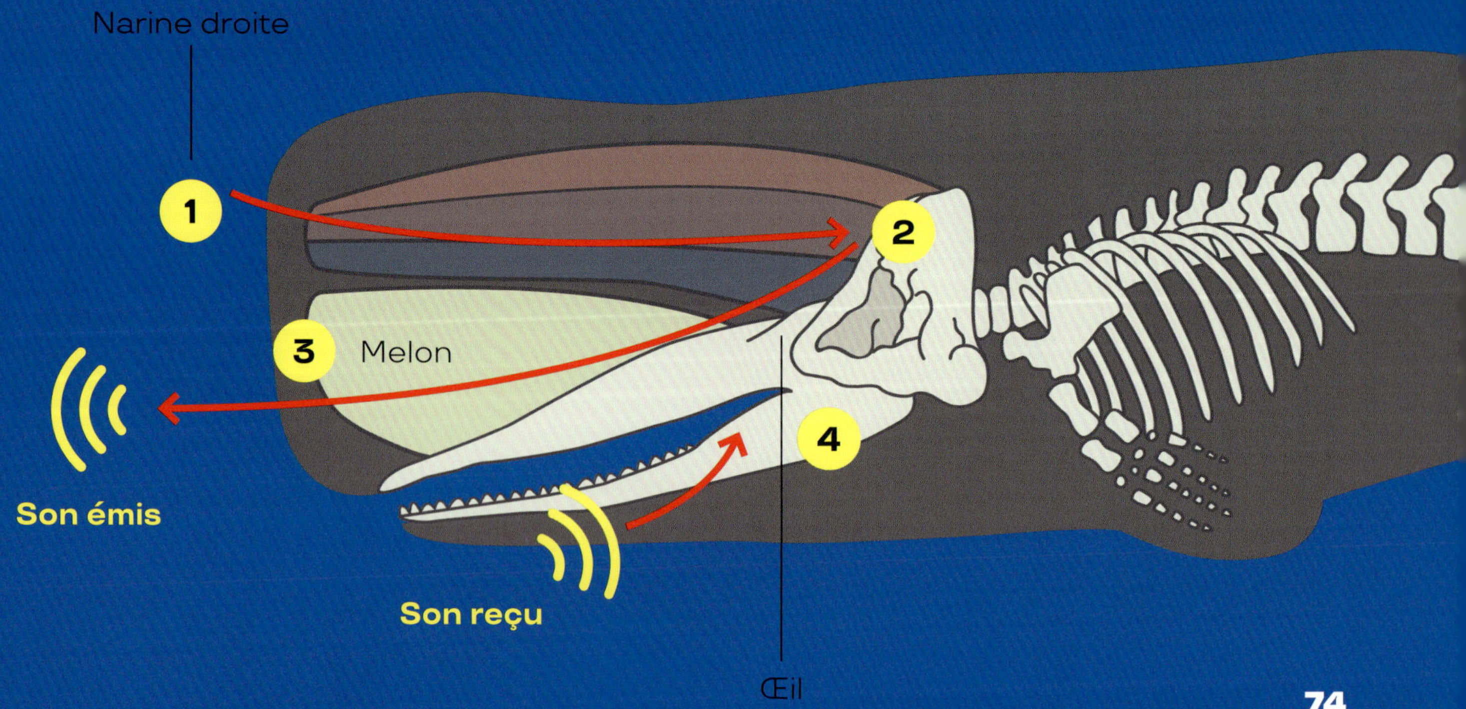

Comment l'animal parvient à émettre et recevoir des sons

Le son est produit par la narine droite (1). Il parcourt la partie supérieure du spermaceti et rebondit sur une poche d'air (2). Puis il traverse les masses graisseuses situées dans la zone inférieure du melon (3), ce qui permet d'amplifier et de moduler la vibration sonore, qui se propage ensuite dans l'eau. L'animal capte le son grâce à une autre poche de graisse située au niveau de sa mâchoire et reliée à son oreille (4).

Hervé, sera relié à une caméra. Ce dispositif permettra d'identifier le cachalot émetteur du son enregistré.
Le brouhaha subaquatique ne m'a évidemment pas échappé, mais de là à en percer le mystère… À la surface, de retour sur notre embarcation, Hervé m'apprend que le répertoire sonore des cétacés est bien plus complexe qu'il n'y paraît et qu'il ne se limite pas aux clics. Les grands mâles lancent à un rythme régulier des *clang*, métalliques très intenses, qui paraissent propres à chaque individu et peuvent être perçus à plusieurs dizaines de kilomètres à la ronde. Quant au *creak*, un enchaînement continu de clics d'égale intensité et répétés très rapidement, il pourrait s'agir d'une manière de se contacter à distance. « Les cachalots répandent ces sons très puissants, qui font frémir tout le corps de leurs congénères, un peu comme une caresse », détaille Hervé. Les spécialistes, comme lui, commencent à peine à interpréter ces vibrations sonores.
« Nous développons actuellement des programmes d'intelligence artificielle qui analysent les séquences sonores. Notre objectif est de déterminer si les séries de clics sont porteuses d'informations, m'explique Hervé. Mais peut-on parler de langage ? Est-ce que la structure des codas y ressemble ? Parmi ces clics, certains enchaînements peuvent-ils être associés à un type de comportements en particulier ? Des émissions sonores entre individus pourraient-elles constituer des questions suivies de réponses ? À ce jour, près de 70 types de codas ont été répertoriés dans le monde.
Les cachalots de Méditerranée n'utilisent le plus souvent qu'un seul coda formé de quatre clics, tandis que les clans suivis par François dans l'océan Indien disposent d'un répertoire de cinq types de codas différents comprenant six à dix clics. Le signal le plus utilisé dans la population générale des cachalots est une série de cinq clics incluant des variantes rythmiques qui seraient propres à chaque groupe. Comme si chaque clan possédait son propre dialecte. On sait aujourd'hui que ces baleines ne communiquent pas de la même manière ici dans les eaux de l'île Maurice, en mer des Caraïbes ou au large du Sri Lanka par exemple. C'est fascinant ! Et tout aussi surprenants sont les résultats d'études montrant que l'on peut identifier chaque animal grâce à la durée des sons qu'il produit et qui dépend de sa taille. » Hervé m'indique qu'il existe très probablement une signature acoustique exclusive à chaque individu, comme la tessiture d'une voix, ce qui lui permettrait d'être immédiatement reconnu par les autres.
« N'oublions pas, souligne-t-il, que pour eux, l'écholocation compense l'impossibilité de voir dans les ténèbres océaniques où ils évoluent couramment. Par leurs tempos, leurs fréquences et leurs niveaux de décibels, les sons leur livrent une description tridimensionnelle du milieu. C'est très complexe et rend d'autant plus difficile la compréhension de leurs échanges. »
À François, vers qui je me tourne pour savoir s'il existe un langage et des conversations entre les individus, j'obtiens cette magnifique réponse :
« Tu les as vus, ils passent leur temps à se caresser, ce sont des tonnes de délicatesse. Ils communiquent beaucoup de cette manière, c'est pourquoi nous devons tenir compte des positions qu'ils adoptent et des caresses qu'ils se prodiguent, tout en les reliant à ces sons. Et grâce à cet appareil, nous pouvons le faire. C'est ça, la nouveauté ! Nous n'avons donc pas encore décrypté le langage des cachalots, mais tout juste commencé. Cela dit, il n'y aura pas de dictionnaire français-cachalot ! C'est comme la musique, c'est structuré, défini, mais impossible à traduire en mots, ce qui n'empêche pas la musique de procurer des émotions formidables. Eh bien, il nous faut nous engager sur cette voie pour essayer de comprendre la communication plus que le langage des cachalots. Et nous nous retrouverons unis à ce monde, en communion avec lui, vraiment. Une sorte de partage prévaudra, qui nous changera pour toujours. »

Ce voyage a transformé mon regard sur ces *monstres de délicatesse*, ainsi que les nomme si chèrement François, et m'a rappelé que l'océan planétaire, cet ultime espace sauvage, doit absolument être préservé.

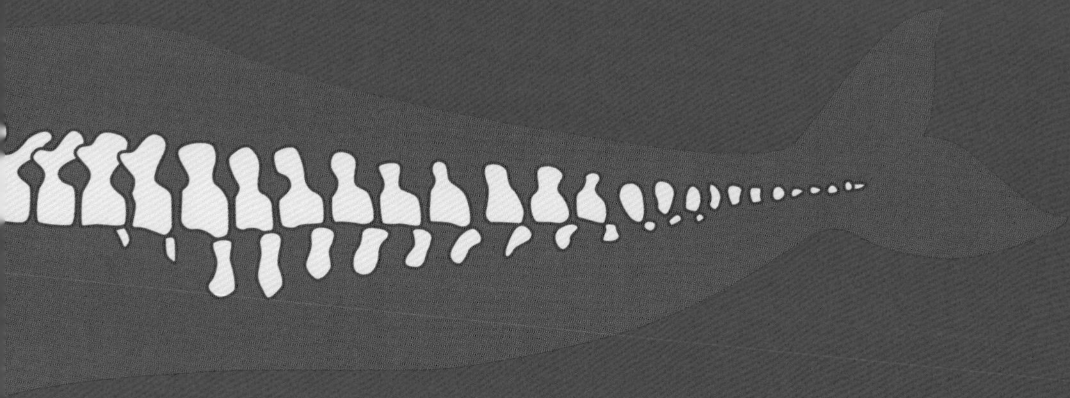

Une espèce mythique et menacée

Le jour se lève sur l'île Maurice, et une nouvelle expédition au large se prépare. Avant de partir, François me rappelle que l'humain et le cachalot sont unis par une vieille histoire. Et disons qu'elle a été volontiers sanglante !
Notre histoire commune démarre au Paléolithique. En témoignent des gravures du cétacé sur des mégalithes, suggérant qu'*Homo sapiens* lui vouait peut-être un culte. Au Moyen Âge, le cachalot était considéré comme un monstre absolu, résident de l'océan infernal. Puis il y a eu la chasse, que l'on qualifiait d'« héroïque ». Ainsi, à partir du XVIIIe siècle, les hommes surmontèrent leur peur et risquèrent leur vie pour les harponner. D'autant plus après qu'un capitaine américain du Nantucket en tua un et découvrit la quantité phénoménale de spermaceti contenue dans le melon de l'animal. Sa grosse tête pouvait effectivement en stocker jusqu'à 3 tonnes environ. Les qualités de cette substance grasse blanchâtre étant jugées très supérieures à celles de la graisse d'autres baleines, la chasse industrielle se développa. Transformés en vulgaire ressource destinée à la fabrication de bougies, savons, cosmétiques et autres produits, les cachalots ne se comptaient plus qu'en barils d'huile à monnayer, comme l'on comptera plus tard les barils de pétrole.
« Dans les années 1960, on tuait quelque 30 000 cachalots par an. Cette chasse était terrible, terrifiante ! Les navires armés de canons lance-harpons fonçaient sur les clans sans leur laisser aucune chance. Ils tuaient les petits et les mères qui tentaient de faire rempart autour d'eux. Un vrai carnage ! À cette époque, la chasse était si importante que l'on estime à peine à 300 000 la population de cachalots survivante. Il a fallu attendre les années 1980 pour que l'on décide d'arrêter le massacre. En 1986, à bord de la *Calypso*, j'avais promis à Cousteau que nous plongerions avec les cachalots. Mais ils fuyaient encore les humains. Aujourd'hui, cela a changé, nous sommes à un moment clé de notre histoire avec eux.
– C'est-à-dire ?
– À partir du moment où nous ne les chassons plus depuis trente ans, ils n'ont plus de raison de nous craindre. Nous pouvons donc tenter de les comprendre. Je dis bien *tenter*, ce qui me semble plus important encore que de les comprendre. Car je ne crois pas que nous les comprendrons vraiment un jour. Leur univers est bien trop différent du nôtre, nous n'atteindrons jamais les grandes profondeurs avec la même aisance qu'eux, et notre existence n'est consacrée qu'à l'accumulation et à la transmission d'un bric-à-brac d'objets, tandis que la leur consiste au bien-être de l'instant.
– Est-ce que l'espèce est toujours menacée ?
– Les populations semblent peu à peu se reconstituer, sans qu'aucun signe vraiment tangible ne nous permette de dire qu'ils sont tirés d'affaire. Car avec des effectifs aussi bas répartis dans un océan aussi vaste, le moindre incident ou accident, la moindre pollution constituent toujours une menace susceptible d'entraîner l'effondrement des populations. Or les menaces s'accumulent – collisions avec les bateaux, filets de pêche fantômes, pollution plastique... Je crois que de vivre ces moments, aux côtés d'Eliot et des autres, nous change immanquablement. En tout cas, me concernant, je sens un profond bouleversement en moi. Je vis différemment ma relation aux autres vivants, à tous les autres vivants. On parle beaucoup de ce sujet actuellement, de l'océan en tant que bien commun... Bien commun de la seule humanité, oui ! J'ai quand même l'impression que nous pillons les océans en négligeant ceux qui y vivent... Notre inconsidération nous conduit à détruire la planète, sans nous rendre compte qu'elle est la seule vivable que nous connaissons et par conséquent irremplaçable...
– Tu dis souvent que nous devons retrouver le respect et la complicité originelle avec les animaux ? Tu penses que c'est possible ? Notre espèce est si agressive...
– Nous sommes agressifs depuis que nous accumulons, que nous capitalisons. Nous avons changé quand nous avons commencé à vouloir tuer et exploiter plus que ce qui nous est nécessaire parce que cela allait nous rapporter plus. Si je n'ai besoin que d'un, mais en tue deux, je

fausse la donne. Et si je tue cent pour les vendre et pouvoir m'acheter un objet inerte, un smartphone ou autre, alors je transforme le vivant en non-vivant, et tout bascule. Auparavant, on vivait en harmonie avec les autres espèces. Dans la nature, se côtoyer pacifiquement était la règle. Mais on a mis dans la tête des gens qui ne sont jamais allés dans la nature l'idée que la loi de la jungle revenait à agresser les autres en permanence. C'est une idée totalement erronée. Si nous cohabitions comme les espèces dans la jungle, nous serions en paix; il y aurait de la place pour tout le monde, car aucun prédateur ne tue plus que ce qui lui est strictement nécessaire pour assurer sa subsistance. Pourquoi les animaux sauvages terrestres nous fuient-ils? Parce que nous ne cessons pas de les agresser, sauf dans les endroits que nous fréquentons le plus rarement, comme les îles subantarctiques. J'y ai vécu des choses étonnantes, tellement surpris par les oiseaux qui ne détalaient pas à notre approche. En somme, la situation ordinaire d'avant, il y a longtemps... Je crois que nous pourrions renouer cette relation aux animaux si nous parvenions à la pacifier durablement.»

Serviteurs des océans

Sur ces mots, nous quittons le port en direction du large, pour aller retrouver le clan d'Irène-gueule-tordue. Cette femelle, qui doit son petit nom à la légère déviation de sa mâchoire inférieure, René Heuzé l'a rencontrée par hasard en 2011, au détour d'une plongée.
René connaît l'océan comme personne. Né à Lyon, il grandit à Marseille, où il a d'abord été conducteur de poids lourds. Explorateur dans l'âme, quand il en a eu assez de la route, il s'est tourné vers la mer... Il s'inscrit alors dans une école de scaphandrier afin de pouvoir exercer en tant que plongeur professionnel. Les documentaires du commandant Cousteau et *Le Grand Bleu* vont agir comme des révélateurs. Lassé d'entendre que la mer, et en particulier sa mer Méditerranée, est polluée, il veut en montrer la beauté, persuadé que c'est le meilleur moyen de sensibiliser le public, et donc de protéger les océans. Il ne tarde pas à se faire connaître pour la qualité de son travail subaquatique et reçoit en 1988 une Palme d'or au festival d'Antibes pour son premier film. «Thalassa» l'approche en 1991 et lui demande de travailler sur des projets captivants. Sa réputation de caméraman sous-marin lui vaut de collaborer avec de célèbres producteurs tels que Luc Besson, Jacques Perrin, David Attenborough et bientôt James Cameron.
René Heuzey est un homme de l'ombre qui n'a de cesse de vouloir partager ce qu'il voit et ressent sous l'eau. Ses images s'offrent à celles et ceux qui ne peuvent pas plonger, elles sont des déclarations d'amour aux océans et à leurs habitants. Je mesure ma chance d'être guidé par lui, devenu une légende dans son domaine, et par François, océanographe renommé et non moins passionné.
Tandis que s'organise une nouvelle plongée, je ne peux m'empêcher de questionner René sur son attachement aux cachalots.
«Quand as-tu rencontré ce clan pour la première fois?
– C'était en 2011, j'étais venu pour tourner un documentaire sur les fonds marins, et on m'a informé que des cachalots fréquentaient le coin. J'avais déjà une expérience des requins, notamment des requins-baleines, mais aucune des cachalots. Un jour que j'étais dans l'eau, disons vers 15 mètres de profondeur, j'ai vu une masse sombre arriver. J'avais l'impression qu'un sous-marin venait sur moi et je me suis demandé comment réagir. L'animal nageait résolument vers moi, placide, mais je n'ai pas bougé et il m'a regardé. Cet échange avec lui a été fabuleux... Une indicible émotion, au moins proportionnelle à la taille de l'animal! Ce qui se joue dans ces instants est «extra-ordinaire». Quand le cachalot croise ton regard, il t'imprime un souvenir que tu ne pourras jamais l'oublier...»

L'ultime plongée que nous effectuons ensemble tient toutes ses promesses. Une partie du clan est là. Certains individus se dressent en chandelles. Sublime spectacle et temps suspendu! D'autres glissent gracieusement dans l'eau, sans crainte... parenthèse pareillement éphémère et merveilleuse. Je m'efforce de me maintenir à leurs côtés,

Indian Ocean
Marine Life
FOUNDATION

par quelques coups de palmes, reprenant mon souffle à la surface. Difficile de trouver les mots pour décrire ces instants, durant lesquels tout n'est que beauté, grâce et majesté. Une question me taraude néanmoins : combien de temps encore pourrons-nous contempler ces géants des mers, que François appelle affectueusement des « monstres de délicatesse » ?

François Sarano, l'infatigable défenseur des océans

Parler de François Sarano, c'est prendre un risque… celui de ne pas être à la hauteur de son sens du récit ! Car c'est un conteur né, un passeur d'histoires inégalable. Et l'une de celles qu'il préfère concerne Eliot, par qui tout a commencé.

Septembre 2013, au large de l'île Maurice, au milieu de l'océan Indien, l'homme-grenouille, 1500 mètres de fond sous les palmes, observe un clan de cachalots. Ils ne sont pas très loin et croisent tranquillement lorsque l'un d'eux change soudain de trajectoire. « Je vois un cachalot qui fonce à toute vitesse, rien ne semble pouvoir l'arrêter ; le choc paraît impossible à éviter, mais… au dernier moment, il freine ! C'était Eliot. » Le colosse frôle François, qui a le temps de le scanner : melon proéminent énorme, peau noire et lisse, il est immense. « Je ne sais pas trop quoi faire, et lui me pousse. Certes avec délicatesse, mais il me pousse, et je me demande bien qui est ce doux monstre. Pendant 10 minutes, nous danserons, à son initiative. Eh oui, c'est lui qui m'invite à danser ! »

Ce moment fut bouleversant… et fondateur pour l'océanographe. « Eliot était en train de m'apprivoiser. C'est pour moi la démonstration que le cachalot est capable de s'intéresser à autre chose que ce qui lui est vital, qu'il est un explorateur, mais aussi que nous humains ne sommes pas les seuls à vouloir apprivoiser les membres d'une autre espèce que la nôtre, nous partageons visiblement l'envie d'appropriation de l'*Autre*. Cette expérience nous enseigne aussi que les cachalots sont des individus non-humains doués d'une personnalité et possédant une existence qui leur sont propres. »

Je songe que derrière la figure terrifiante de Moby Dick, gueule béante dévorant la chaloupe d'un baleinier dans le chef-d'œuvre de Melville, se cache un être curieux, sociable et forcément intelligent.
« Tu as surnommé Eliot le "Marco Polo" des cachalots…
– Oui, car il est bien plus explorateur que les autres. Je le distingue rapidement d'Arthur, vraiment timide et qui ne vient jamais jouer. Roméo, lui, est toujours dans les nageoires de sa mère Lucy. Et quand un jeune mâle turbulent surgit, je sais que c'est Tache-blanche. Idem chez les femelles. Si j'aperçois une jeune escortée d'un bébé, je sais que c'est Germine, parce qu'elle est la nounou et manifeste une inlassable attention pour les nouveau-nés. Les autres femelles aussi, mais pas autant qu'elle. Pourquoi ? Et pourquoi Delphine et Vanessa forment toujours le même duo ? Pourquoi se font-elles de vrais gros câlins à longueur de journée ? Je ne sais pas, mais nous étudions minutieusement les relations sociales très complexes de cette société matriarcale articulée en clans de six ou sept femelles qui élèvent collectivement leurs jeunes. Et ce que nous découvrons est stupéfiant. »

Cachalots, mais également raies mantas, baleines, requins… ce monde sous-marin subjugue François depuis sa thèse de doctorat en océanographie et sa rencontre avec l'homme au bonnet rouge. En 1985, il fait la connaissance du commandant Jacques-Yves Cousteau, qui le convainc de partir avec lui à bord de la *Calypso*, direction Haïti. « Là-bas, nous avons plongé dans des endroits où personne ne retournera jamais », me raconte François. Ce voyage marque le début de treize ans de collaboration comme plongeur, conseiller scientifique et chef de mission pour l'équipe de Cousteau.

Plus récemment, il a mis sa passion et ses compétences au service du cinéma, notamment en coréalisant une vingtaine de documentaires sur le monde sous-marin. En 2009, il a aussi coécrit *Océans* de Jacques Perrin et Jacques Cluzaud. Dans ce sublime long métrage, on le voit nager paisiblement aux côtés d'un énormissime grand requin blanc armé de son effrayante mâchoire… Séquence impressionnante, motivée par une double intention : rappeler la place dans les océans de ce squale qu'il faut protéger contre la pêche abusive, la pollution et le réchauffement climatique, et corriger également la triste image véhiculée par *Les Dents de la mer* de Steven Spielberg.
« Ce film a suscité une peur irrationnelle qui a fait un tort infini aux requins », regrette François. Chaque année, dans le monde entier, seuls 80 à 100 accidents impliquent des requins, toutes espèces confondues, alors même que des centaines de millions de gens se baignent, surfent, plongent, jouent… dans les mêmes endroits. Si ces hommes, femmes et enfants ne voient pas les requins, ces derniers, eux, les ont vus. Et ils peuvent très bien s'approcher d'eux sans pour autant attaquer. »
Son infatigable combat pour la défense du milieu marin l'a poussé à fonder, avec son épouse Véronique, l'association Longitude 181, qui se veut la *voix de l'océan*. Évidemment !

ARCTIQUE

L'OCÉAN BLANC

Un constat sans appel

Plonger sous la banquise de l'océan Arctique revient à explorer un environnement à la fois complexe et vulnérable. Cet océan est le plus petit des cinq de notre planète mais sans aucun doute l'un des plus importants pour l'humanité. Ces dernières années, dans cette partie du globe, les températures ont augmenté deux fois plus rapidement que partout ailleurs, avec des conséquences planétaires telles que l'élévation du niveau des mers, des cyclones dévastateurs, des mégafeux de forêts et bien d'autres catastrophes. En cause, les pressions anthropiques, c'est-à-dire les pressions exercées par les humains et l'ensemble de leurs activités. Ainsi fait-il de plus en plus chaud, et surtout de moins en moins froid !

Les zones polaires ne parviennent plus à refroidir suffisamment le globe terrestre et j'ai voulu rencontrer ceux qui, sur place, sont aux avant-postes de ces grands bouleversements. À commencer par les Inuits, ce peuple ancestral du Grand Nord qui, depuis des millénaires, a appris à vivre dans ce monde glacé et hostile. Pour me guider dans cette aventure hallucinante, je suivrai Nathalie Lasselin, une plongeuse de l'extrême qui, depuis dix ans, observe et documente l'inexorable transformation des régions polaires. Je vous propose donc de partager mon voyage dans le très nordique Nunavut, territoire canadien fragmenté, patrie d'un peuple autochtone passionnant, du soleil de minuit, des aurores boréales et des ours polaires...

Une rencontre solaire

C'est en avion que je découvre d'abord l'île de Baffin. Collines et crêtes montagneuses coiffées de neiges éternelles, amples baies prises dans la glace... le décor est grandiose ! Puis l'avion à hélices descend vers Arctic Bay, l'une des villes les plus reculées de cet espace insulaire. À cette latitude, la terre et la mer sont gelées environ dix mois dans l'année, les routes sont quasi inexistantes, c'est pourquoi l'avion se révèle absolument indispensable.

La porte de l'avion s'ouvre, une avalanche de sensations m'envahissent, et d'abord le contact de l'air sec et glacial sur ma peau. L'air à –27 °C degrés picote vivement mon épiderme, et mes poumons ralentissent mon souffle dès la première inspiration. Affronter un air si froid demande un peu d'adaptation. Passé ce moment, je suis aussitôt surpris par la lumière, franche, éclatante, presque aveuglante, du soleil qui ne se couche plus à cette période de l'année. Ce froid et cette lumière intenses sont deux signes qui ne trompent pas, je suis bel et bien aux confins du Grand Nord, au-delà du cercle polaire... Bienvenue en Arctique !

Campée sur une côte gelée où rien ne pousse, la petite bourgade d'Arctic Bay a des accents de far-west et compte tous ses équipements ou presque sur les doigts d'une main – une route unique qui ne mène nulle part, une auberge pour les rares voyageurs, deux magasins seulement pour les quelque 800 habitants, une école et un poste de police. Arctic Bay n'est cependant pas ma destination finale. À peine arrivée, Nathalie Lasselin, une Française qui n'aime rien tant que s'exiler dans les contrées les plus glaciales au monde, m'embarque sans attendre pour rejoindre une caravane de motoneiges.

En guise de préambule, mon accompagnatrice s'amuse de mes premières sensations.
« Je suis certaine que, comme tous ceux qui viennent ici pour la première fois, tu penses qu'avec ce soleil radieux, les températures seront douces. Eh non ! Les nouveaux arrivants disent souvent que le soleil au Canada est un soleil menteur, car bien qu'il fasse très beau, la température peut néanmoins atteindre –20 °C ou –25 °C. Des nuits bien fraîches sont d'ailleurs annoncées pour les jours qui viennent.
– Je suis prêt à affronter le grand froid, ce n'est pas ce qui me fait peur. »

Notre mission ? Atteindre un camp de base dressé sur la banquise qui fige la mer de Baffin. Il est situé à plus de 80 kilomètres vers le nord, et c'est de là que nous irons plonger sous l'épaisse couche de glace, pour découvrir la magie des fonds marins... dans une eau à –3 °C !

Avec son physique de marathonienne, le visage tanné par le froid mordant et le flamboyant soleil nocturne, Nathalie dégage une énergie folle et un optimisme qui semble inébranlable. Comme souvent avec les aventuriers… et les aventurières !

La grande traversée

Pour mener à bien l'expédition, Nathalie compte sur Marie-Josée, la compagne de toutes ses équipées, mais elle s'appuie surtout sur la communauté locale des Inuits. Encore chasseurs et pêcheurs pour la plupart, ils possèdent une fine compréhension de la banquise et ses dangers. Aujourd'hui, Dominik est notre chef de groupe.

Les moteurs des six motoneiges tournent déjà pour chauffer et derrière chacun est attelé un lourd traîneau en bois, un *qamutiik* comme l'appellent les Inuits. Parfaite image de l'alliance pragmatique de la tradition et de la modernité. Ou quand nécessité fait loi… Les trois quarts de l'année, les motoneiges dernier cri pétaradent dans le village. Puis la débâcle des glaces marque le temps des bateaux à moteur. Le *qamutiik* continue de transporter personnes et vivres, et ramène chasseurs et pêcheurs avec leurs prises de caribous, d'ours polaires, de phoques ou de poissons.

Pas de matériel de chasse nous concernant, mais assez de victuailles pour tenir dix jours, des outils pour rompre la glace ainsi que des bouteilles de plongée et leurs compresseurs. Assisté de cinq équipiers, Dominik s'occupe de fixer notre barda sur les traîneaux, à l'aide de cordes, avec une agilité héritée de leurs ancêtres.
« Tu vois Diego, tu vois cette petite maison en bois, posée sur le *qamutiik* ? On l'appelle « *iglootak* », et c'est là-dedans que tu vas faire le voyage. On l'utilise pour transporter des gens ou des membres de notre famille. À l'intérieur, nous mettons généralement un matelas en mousse ; comme ça, celles et ceux qui voyagent peuvent s'asseoir et se réchauffer un peu. C'est idéal pour les enfants, nos épouses ou les anciens, qui peuvent s'y abriter quand il fait trop mauvais.
– Quand tu étais petit, vous alliez pêcher avec ?
– Bien sûr, des centaines de fois !
– C'est vrai qu'en cas de tempête, ce doit être bien utile… parce qu'ici, où que je regarde, je ne vois pas vraiment où s'abriter ! »

Dominik m'inspire confiance. C'est un homme de peu de mots, avec une moustache de morse, un torse d'ours et un sourire à la Ernest Hemingway. Son anglais est un peu hésitant. Le débit de ses paroles ne suit pas le rythme habituel de la langue de Shakespeare. Son phrasé est celui de l'*inuktikut*, la langue des Inuits, saccadée, bondissante et surtout connue du monde entier avec des mots entrés dans le langage courant tels que *kayak*, *anorak*, *husky*, *igloo* ou encore *parka*, issu de *parqaaq*. Ce sont les Inuits de la toundra du Nunavut qui en auraient inventé le premier modèle. Traditionnellement taillé dans de la peau de caribou pour résister au froid extrême, il était muni de fentes latérales et s'enfilait par la tête. Les jours de grésil ou face aux embruns, les Inuits en revêtaient une version imperméable. Confectionnée en intestins de baleine, d'otarie, de phoque ou de morse, matériaux pour le moins étonnants à nos yeux d'Occidentaux, elle assurait également une protection contre les mauvais esprits lors de festivités ou de rituels.
Pourtant la langue inuite a bien failli disparaître. Parce qu'il fallait faire de ses locuteurs natifs des « Canadiens », les autorités du pays ont instauré diverses mesures qui ont eu pour effet d'acculturer le peuple inuit : déplacement et sédentarisation forcée, massacre des chiens de traîneau, scolarisation obligatoire des enfants dans les pensionnats fédéraux, interdiction d'enseigner l'inuktitut à l'école, programmes de logements réservés mais inadaptés, sans oublier le dénigrement des valeurs et coutumes ancestrales…
À force de résistance, les Inuits se sont vu reconnaître une patrie, le Nunavut, et le pouvoir de l'administrer. Actuellement, tout le territoire est politiquement et économiquement autonome et, à l'école, l'inuktikut est la langue d'éducation principale. En ville, les panneaux, instructions et consignes sont rédigés dans cet idiome composé de graphèmes géométriques au tracé majoritairement arrondi.

Sans gants ni bonnets, Dominik et ses compères achèvent les préparatifs.
«Si je te conseille de rester dans l'*iglootak*, c'est pour te protéger… On a cinq heures de traîneau avant d'arriver au camp. Ici, il fait à peu près –15 °C, mais sur le chemin, nous aurons un vent de face d'au moins 30 km/h, et la température descendra facilement autour de –25 °C. Et ça, si le soleil continue de briller comme maintenant, bien sûr! Mais pas de quoi bronzer quand même! Regarde mon bras… Tu crois que les Inuits ont la peau brune, mais sous mes habits, je suis aussi blanc que toi. Nos corps ne sont jamais exposés au soleil. Si nos mains et nos visages sont foncés, c'est parce qu'ils ont été brûlés par le froid.»

J'observe cet homme de 27 ans qui semble en avoir dix de plus… Depuis sa naissance, il n'a connu que les rigueurs d'un climat sans merci, des vents qui pénètrent jusqu'aux os, un soleil qui disparaît à l'horizon en octobre et pour des mois, laissant place au sombre et interminable hiver arctique, durant lequel les températures chutent à –40 °C. Mais la nuit parfois s'illumine d'aurores boréales qui font flotter leurs voiles lumineux et offrent le spectacle d'ensorcelantes fantasmagories. Puis en avril, enfin, l'astre du jour réapparaît timidement. Pourtant la tyrannie du froid subsiste…

J'attrape mon sac, le jette dans l'*iglootak*, et me cale sur la banquette de bois. Courageux mais pas téméraire! Nathalie, elle, est souriante, impatiente d'entamer la grande traversée. Elle chevauche sa motoneige, protégée par deux combinaisons sous deux polaires, sans compter un masque et des lunettes de ski. Chaque centimètre de peau doit être soigneusement couvert.

Dominik donne le signal, et nous nous élançons sur l'immensité blanche de la banquise. Les rigides traîneaux en bois ricochent sur la glace compacte et bleutée. En fait, il n'y a pas de neige sur la banquise, pas de poudreuse pour amortir les chocs, et je me fais ballotter dans ma petite cabine. Les sacs me tombent dessus, et le fracas du traîneau qui rebondit sur la glace est assourdissant. Quand je pense que les anciens voyagent sur ces *qamutiik*… quelle leçon! Le périple vient à peine de commencer, et je me demande déjà où se trouve l'ostéopathe le plus proche!

Au-delà du cercle polaire, l'espace et le temps prennent une autre dimension. Au fil du trajet, cette étendue de glace me paraît de moins en moins monotone. J'en distingue les mille et une nuances de blanc, de bleu et de gris pâle. L'esprit se vide. Les soucis et les pensées, qui hantent habituellement nos âmes citadines, s'évanouissent rapidement. Le paysage est tout à la fois hostile et d'une incroyable beauté…

Soudain, mes pensées vagabondes sont interrompues. Car alors que nous ne sommes qu'à mi-chemin, l'Arctique nous offre déjà sa première belle surprise. Je vois les motoneiges encercler une montagne de glace. C'est un iceberg prisonnier de la banquise. Dominik coupe les moteurs, attrape un harpon et me fait signe. L'iceberg n'est pas seulement un régal pour les yeux, il constitue un réservoir d'eau douce bien utile pour les communautés inuites. «Tu vois, nous les Inuits, nous n'avons pas d'eau douce. Nos ressources reposent sur la glace des icebergs. Celui-là a très probablement dérivé depuis le Groenland, où il s'est séparé de son glacier.» Quelques coups de harpon suffisent à Dominik pour extraire des blocs de glace immaculée qu'il met à chauffer dans une grosse casserole posée sur un réchaud. «L'eau que tu vas boire a plus de 200 ans, c'est la plus pure au monde.» Je me plante devant l'iceberg qui porte si bien son nom, par ailleurs d'origine scandinave. Je n'en avais jamais vu. Ce colosse blanc a traversé les âges, sculpté et poli par la mer et le vent. Quelques minutes plus tard, ma tasse est remplie de cet élixir historique. Je le goûte comme si j'avais ouvert un grand vin, mais rien n'a plus le goût de l'eau que l'eau. Ni saveur ni couleur, juste de l'eau à son état le plus primordial.

La pause est de courte durée. Dans ce désert unicolore où rien n'arrête les souffles de l'air, le temps peut changer brutalement. Blizzard, neige, absence de visibilité, Dominik ne veut pas risquer

« J'aime plonger dans l'inconnu, aller là où il n'y a aucune image sur Google. »

Nathalie Lasselin

Rien ne destinait Nathalie Lasselin à pareille trajectoire. Née dans le Nord de la France, sans aucun contact avec la mer, elle est aujourd'hui l'une des plongeuses sous-marines les plus expérimentées au monde.

Tout a commencé lorsqu'elle avait à 15 ans, lors de son premier voyage au Québec. Dès son arrivée à Mirabel, près de Montréal, elle se promet de faire sa vie ici *quand elle sera sa grande*. Après des études de cinéma à Paris, elle part retrouver sa terre promise, s'y installe et concrétise son rêve d'enfant de découvrir les grands espaces, les peuples autochtones et mille autres richesses locales. Puis un jour, un peu par hasard, elle plonge la tête sous l'eau, et c'est le déclic. Elle enchaîne les formations et devient plongeuse technique, capable d'atteindre 100 mètres de profondeur. Munie de sa caméra, Nathalie plonge pour explorer de nouveaux sites, de ceux qui ne figurent sur aucune carte et n'ont donc jamais été documentés. Salées, douces ou gelées, toutes les eaux du globe reçoivent sa visite, les mers et les océans, mais aussi les lacs, réservoirs et rivières.
Chaque printemps depuis plus de dix ans, elle brave le froid intense de l'Arctique pour y plonger et en rapporter des images destinées à faire prendre conscience au grand public de la perte de la banquise. Lors de ses expéditions, elle s'attache la collaboration de guides inuits. « Le Nunavut est un baromètre de l'accélération du dérèglement climatique depuis cinq ans. À Pangnirtung, par exemple, sur l'île de Baffin, des petits ruisseaux sont en train de devenir des rivières. Or, l'existence même des Inuits dépend de la neige et de la glace. Pour les chasseurs, la banquise est protectrice, mais l'état incertain et imprévisible de sa glace la rend plus dangereuse. »

Après avoir exploré l'Arctique, plongé dans des grottes immergées aux quatre coins du monde, et filmé des grands requins blancs, Nathalie met aujourd'hui son expérience au service de la science et de l'environnement. En 2018, elle a participé à l'Odyssée urbaine aquatique, une aventure exceptionnelle qui a révélé la face cachée du célèbre fleuve Saint-Laurent à Montréal. Quarante heures de plongée dans les eaux souvent peu accueillantes du fleuve tumultueux, sans remonter à la surface, uniquement ravitaillée par d'autres plongeurs. Du jamais vu ! Une première mondiale pour documenter la pollution du fleuve.

De ces expéditions hors normes, Nathalie fait des films, des livres, et tient des conférences. « Nous sommes les yeux de tous ceux qui ne pourront jamais aller sous l'eau », nous a-t-elle confié, sourire aux lèvres et le regard pétillant. Ce qui l'intéresse ? Repousser ou découvrir ses limites. « Face à une nature brute et hostile, nous avons oublié comment survivre par nos propres moyens. Nous devons arrêter de nous fier à la technologie et retrouver cette compétence de notre humanité. »

de faire passer le convoi sur une crevasse ou une portion de banquise à la solidité incertaine…Nous nous replions vers le camp, un refuge au milieu du fjord, protégé par ses falaises. Une dizaine de tentes ont été temporairement installées sur la glace pour quelques semaines. Dans chacune d'elles, un lit de camp, un réchaud et un sac de couchage. Spartiate mais efficace ! Au centre de notre hameau de toile, une tente plus grande abrite la cantine, gardée par des Inuits armés de fusils.
« Ici tu es dans le pays des ours blancs, m'indique Nathalie. Ils peuvent sentir la nourriture à des dizaines de kilomètres, alors mieux vaut faire attention. »
Dominik sort son fusil d'un autre âge.
« Si l'ours arrive vers nous, je tire une première fois en l'air, et s'il continue de s'approcher, je tire juste devant ses pattes, les projections de glace le font habituellement fuir.
– Et s'il avance encore ?
– Alors il faut l'abattre, mais c'est vraiment rare, conclut Dominik qui a faim. »

Dans le réfectoire bien chauffé, l'atmosphère est accueillante. Nous nous défaisons de nos épais vêtements pour savourer un roboratif chili con carne. Le périple nous a épuisés, et bien qu'il fasse encore plein jour malgré les 23 h 20 affichés sur ma montre, je regagne ma tente. La température extérieure est de –27 °C. J'allume le petit réchaud. Chaudement vêtu des pieds à la tête, je me blottis dans mon sac de couchage. Le masque sur mes yeux m'offre enfin un peu d'obscurité et je me laisse couler dans un sommeil bienvenu.

Plongée sous un iceberg

Les bouteilles de plongée ont passé la nuit dans le froid et, ce matin, elles sont glaciales au toucher, lorsque nous les chargeons sur les *qamutiik*. Aujourd'hui, c'est le grand jour, celui que j'attends et redoute à la fois, car je vais plonger sous un iceberg. Nathalie m'aide à préparer mon équipement. Dans les eaux glacées de l'Arctique, toute erreur peut être fatale. À –3 °C, on risque l'hypothermie en moins de quatre minutes si la combinaison de plongée n'est pas parfaitement étanche.

Un mois plus tôt, j'ai suivi un entraînement très spécial, afin de me familiariser avec la combinaison dite « sèche ». Contrairement à une combinaison humide, qui permet à une fine couche d'eau de s'infiltrer et de se réchauffer grâce à la chaleur corporelle, la combinaison sèche est hermétique munie de joints étanches aux poignets, au cou et aux chevilles. Elle est constituée de matériaux plus lourds qu'une combinaison classique. Je l'ai testée dans les eaux froides d'un lac de banlieue parisienne, dans les Yvelines. L'exercice était concluant mais l'eau était à 9 °C. Là, au petit matin, tandis qu'une neige légère vient poudrer l'étendue gelée, je mesure ce qui m'attend…

Dominik donne quelques consignes à l'équipe. Il ne faut rien oublier, car nous partons pour une traversée de plusieurs heures. Naviguer sur la banquise n'est pas de tout repos. Impossible de lire ni même de rester assis sur la banquette en bois, tant les chocs du traîneau sur la glace brisent les reins. La solution consiste à se tenir debout, cramponné au sommet de l'*iglootak* et à utiliser ses jambes comme des suspensions. La bise agit comme une morsure sur le visage, mais aussi sur les mains et les pieds, en dépit des petits sacs chauffants que l'on introduit dans les gants et les chaussures. Je sautille et fournis des efforts constants pour ne « perdre » mes doigts ni mes orteils… Le périple durera encore près de deux heures. Fissures, bosses, crêtes de compression, le *qamutiik* grince et craque mais tient bon. Au bout, l'acharnement est récompensé !

Dominik a coupé le moteur de sa motoneige, il est immobile, les yeux plongés dans ses jumelles… Ça y est, il a vu quelque chose ! De mon côté, j'ai beau scruter l'horizon, je ne distingue rien. Il me tend sa paire de jumelles. À mon tour, je décèle une petite tache bleue au loin. Nous repartons.

L'iceberg se dessine de plus en plus clairement et je me rends compte peu à peu que c'est un monstre. Le voici qui se dresse devant nous à plus de 25 mètres de hauteur et s'étire sur une centaine de mètres en largeur. Nathalie bondit de sa motoneige et commence à déballer tous les outils nécessaires à la préparation de notre plongée. Elle déploie notamment des scies à glace longues de 3 mètres ! Rapidement, Dominik et moi montons les tentes qui nous abriteront le temps de nous changer et d'enfiler nos combinaisons.

L'iceberg, lui, défie l'imagination, car si la partie émergée ne représente que 10 % de sa taille, cela veut dire que sa partie immergée s'enfonce à plus de 80 mètres dans les eaux sombres de l'Arctique. Ce monumental bloc de glace a fait un long voyage avant de s'échouer au large d'Arctic Bay. Son parcours de plusieurs milliers de kilomètres a commencé au Groenland, cette île grande comme environ quatre fois la France, et lui a pris des années. La neige qui s'y est agglomérée au cours de dizaines de millénaires a fini par former une couche de glace épaisse de plus de 2 kilomètres en moyenne.
C'est un gigantesque et indispensable congélateur pour l'hémisphère nord, mais nous l'avons abîmé. Depuis trente ans, 4000 milliards de tonnes de glace ont disparu sous l'effet du réchauffement climatique. La moitié a fondu, tandis que l'autre se détache des glaciers et multiplie les icebergs dans l'océan Arctique.

C'est l'un de ceux-là auquel je fais face à présent. Des milliers de tonnes de glace qui semblent captives de la banquise, alors qu'il n'en est rien.
« Si le vent se lève, la hauteur de l'iceberg agira comme une voile. Et si dessous, les courants changent, alors ce titan pourra se mettre à dériver en 30 minutes et fracturer la banquise comme un brise-glace, prévient Nathalie. Il nous faut donc bien choisir où nous ferons notre trou, pour ne pas nous retrouver coincés entre la banquise et l'iceberg. »

Trancher dans cette épaisseur de glace de près de 1,50 mètre réchauffe rapidement le corps, et je me surprends même à enlever mon manteau et ma polaire. Les dents acérées de la scie glissent avec facilité et permettent de découper de grands blocs. Dans chaque glaçon géant, Nathalie enfonce des vis longues de 30 centimètres, dont l'extrémité est pourvue d'un crochet auquel nous fixons une corde. Dominik, ses coéquipiers inuits et moi-même tirons sur la corde de toutes nos forces pour arracher de l'eau les morceaux avoisinant 200 kilos. L'opération dure près de deux heures.

Une fois seul face à cette béance insaisissable, au pied de cette montagne mobile, je prends conscience de ce que je m'apprête à faire. Les mers chaudes, cristallines et accueillantes des tropiques où j'ai plongé si souvent me semblent soudainement bien lointaines… Après 45 minutes d'efforts pour enfiler les différentes couches de la combinaison de plongée sèche, je fixe la bouteille, puis je chausse les palmes et positionne le masque. Je suis fin prêt. Avant de m'engouffrer dans ce trou noir de 2 mètres de long sur 1,50 de large, Nathalie fixe un mousqueton à ma combinaison et y fait passer une corde, la bien nommée ligne de vie. À l'autre bout, Marie-Josée. Inspectrice de police dans le civil, celle que tout le monde surnomme Mjee est aussi une intrépide plongeuse. Et lorsque Nathalie est sous l'eau, c'est à Mjee qu'elle confie la mission de sécurité.
« Tu dois garder la corde dans ta main, et si tu as un problème, tu tires fort et brièvement trois ou quatre fois. Je pourrai alors t'aider à remonter rapidement, me conseille Marie-Josée.
– Tu es prêt ?
– Écoute, si je ne suis pas prêt maintenant, je ne le serai jamais !
Je m'accorde tout de même quelques secondes encore avant le grand bain. La température de l'eau doit être de –2 °C. Nathalie s'immerge la première. Je prends une grande inspiration et me laisse glisser.

En quelques secondes, je me retrouve dans un autre monde. Tout est inversé, comme si le ciel se trouvait sous mes pieds et le sol au-dessus de ma tête. Je touche du doigt cette banquise. Elle mesure à peine 2 mètres d'épaisseur et repose sur un océan qui descend à plusieurs milliers de mètres de profondeur. Cette couche de glace, qui semble si fragile, est pourtant essentielle. Elle protège, entre autres, l'océan du réchauffement en réfléchissant vers l'atmosphère les rayons du soleil.

Depuis la surface, Marie-Josée et Dominik veillent sur nous, grâce au fil d'Ariane qui nous relie. « J'essaie de percevoir ce qui se passe avec la corde. Je ressens un peu ce que font les plongeurs, où ils vont, s'ils veulent aller plus loin ou revenir. Je suis certaine qu'ils vivent des moments extraordinaires. Rien n'est plus beau que de plonger sous un iceberg. C'est unique. Quand on le vit une fois, on ne l'oublie jamais. » souffle Marie-Josée dans un sourire.

Tandis que je poursuis ma descente, je mesure la taille de ce mastodonte de glace, qui doit dépasser mes pieds de bien 80 mètres. C'est impressionnant ! Au gré de cette incroyable déambulation, je découvre une paroi tapissée d'une fine pellicule verte. Je m'approche, passe la main… elle se détache et flotte. Il s'agit de phytoplancton qui s'est accumulé dès lors que l'iceberg a entamé sa dérive. Une ressource extrêmement précieuse, à la base de toute la chaîne alimentaire marine. En produisant de l'oxygène et en absorbant le dioxyde de carbone, il contribue également à la régulation du climat et à l'équilibre gazeux de l'atmosphère terrestre.
Émerveillé par cet environnement à la fois précaire et complexe, j'oublie le temps qui passe. Je voudrais aller plus loin, mais la corde me retient. Les 30 mètres sont atteints, je dois remonter.

À la surface, Mjee et Dominik m'aident à me hisser hors de l'eau. J'ai du mal à articuler, mon visage est paralysé par le froid. Je ne sens plus mes pieds ni mes mains. Un défaut d'étanchéité, et l'eau s'est infiltrée dans ma combinaison. Je n'ai rien senti pendant les 17 minutes de plongée, happé par la beauté du paysage sous-marin.
Je me réfugie sous la tente montée à la hâte un peu plus tôt. Des vêtements secs, une paire de gants et de quoi me chausser chaudement… je retrouve mes esprits. Je suis un peu sonné par cette formidable expérience. Mais heureux. Je me sens tellement vivant !

Alors que nous nous apprêtons à repartir, Nathalie fait une découverte à quelques mètres de notre lieu de plongée. Une autre de ces surprises dont l'Arctique a le secret.
« Oh… c'est une grosse trace !
– Cette histoire d'ours polaires dans la région n'est donc pas un mythe ?
– Eh non ! Nous sommes bien au pays des ours, et vu la taille de l'empreinte, je dirais que c'est un mâle. »
Dominik s'est approché et confirme, ajoutant que les traces sont fraîches. Ces empreintes sont bien le signe que je ne rêve pas, l'ours polaire n'est pas loin. Mais nous ne le verrons pas.

Alors que le périple s'achève et que nous approchons du but, là où la banquise se disloque pour faire de nouveau place à la mer, je comprends pourquoi Nathalie s'est prise de passion pour ces latitudes inhospitalières. Au plus profond de moi, je comprends les raisons qui la ramènent tous les ans vers ce fabuleux mystère blanc.

Sur les traces d'*Ursus maritimus*

Après notre plongée sous l'iceberg, encore un peu abasourdis par cette prodigieuse expérience et alors que nous sommes prêts à reprendre la route, Nathalie et Dominik me font signe d'approcher. Les traces sont là, sous nos yeux. Le guide est formel, il s'agit d'un mâle, plutôt jeune, qui doit mesurer autour de 2 mètres. Les empreintes sont fraîches et datent probablement de la veille ou du matin même. Elles révèlent que l'ours polaire n'est pas loin. Quoi de plus normal car, après tout, ne sommes-nous pas chez lui ?

La banquise que nous avons arpentée est son royaume. Chaque hiver, lorsqu'elle se forme dans l'océan Arctique, cette mer englacée devient son domaine vital, là où il chasse, se repose et se reproduit. Ce super-prédateur, réputé le plus grand carnivore terrestre, consacre l'essentiel de son existence à chercher de quoi se nourrir. Il peut parcourir 3 000 kilomètres par an. C'est sans doute la raison pour laquelle les Inuits l'appellent *Nanuq*, le « Grand Voyageur » en inuktikut. Le dessus et le dessous de ses larges pattes partiellement palmées sont couverts de poils qui l'isolent du froid et lui permettent de se déplacer sur la neige sans trop s'enfoncer, comme s'il avait des raquettes. Ses coussinets plantaires présentent de petites rugosités antidérapantes sur la glace, tandis que ses robustes griffes, courtes et non rétractiles lui assurent un bonne prise de ses proies.

Il est également très à l'aise dans l'eau, capable de nager sans peine sur plusieurs dizaines de kilomètres, utilisant ses pattes antérieures comme des rames et ses pattes postérieures tel un gouvernail. D'aucuns le considèrent comme un mammifère marin, ce qui lui vaut son nom scientifique *Ursus maritimus*. Bref, c'est un athlète accompli, tout à fait adapté à son âpre environnement.

L'ours polaire possède par ailleurs une capacité inouïe à repérer ses repas grâce à son odorat surpuissant. Les vieux trappeurs du XIXe siècle prétendaient qu'il captait les effluves à 20 kilomètres de distance, et selon de récentes études canadiennes, il pourrait flairer sa proie jusqu'à une trentaine de kilomètres ! Sa technique de chasse paraît toute simple : nez au vent, il arpente le terrain, et s'immobilise à la moindre alerte et se poste à l'affût près d'un monticule ou d'un *agloo*, ce trou ménagé par les phoques afin de pouvoir remonter respirer à la surface ou sortir de l'eau pour se reposer. L'ours, pour lequel ces pinnipèdes constituent la principale source de nourriture, peut alors les attaquer.

Un peu moins de 16 000 ours polaires vivent au Canada, soit près des deux tiers de la population mondiale, protégée depuis 1976 dans les cinq pays de son aire de répartition – Canada, États-Unis, Groenland, Norvège et Russie. L'ursidé est encore chassé par certains peuples autochtones, qui doivent néanmoins respecter de stricts quotas.

À l'instar des Inuits, *Nanuq*, qu'ils considèrent comme leur animal totem, dépend de la banquise. Or, depuis un siècle, la région s'est réchauffée de 5 °C et depuis les années 1980, la superficie de la banquise ne cesse de diminuer, menaçant gravement la survie de son habitant le plus emblématique. Les scientifiques annoncent même des étés possiblement sans glace autour du pôle d'ici 2030. Ainsi, le seigneur de l'Arctique se range-t-il désormais parmi les espèces « vulnérables », selon le classement de l'Union internationale pour la conservation de la nature (UICN).

AUSTRALIE

À L'OMBRE DU GRAND REQUIN BLANC

Les dents de l'océan

L'Australie, cette île continent où tout est plus vaste, plus intense, plus extrême… Vue du ciel, alors que nous nous apprêtons à poser l'avion à l'aéroport d'Adélaïde, la capitale de l'Australie-Méridionale, je suis frappé par l'immensité des plages de sable blanc que j'aperçois du hublot. La ville borde la mer et, à l'évidence, été comme hiver, la côte est le terrain de jeu favori des Australiens.
Loin de l'agitation de Sydney, nichée entre collines et plages immenses, la métropole baigne dans une douceur de vivre qui vous cueille dès les premiers instants de votre arrivée. Le long du fleuve Torrens, les cyclistes croisent les promeneurs dans une ambiance paisible, sous un soleil radieux. À quelques minutes d'Adélaïde se trouve Glenelg, réputée pour ses couchants qui embrasent l'horizon. Ici, le temps ralentit, la nature est partout.

Mais si je suis venu jusque-là, ce n'est pas pour la douceur ni la sérénité d'Adélaïde. J'ai rendez-vous avec le groupement des sauveteurs en mer, dont la spécialité est la défense des baigneurs face aux requins. Car dans le Sud de l'Australie, la présence des grands requins blancs près des zones littorales fréquentées par les surfeurs et les nageurs pose de réels défis en matière de sécurité et de conservation. Décision assez rare pour être explorée, des dispositions ont été mises en place afin de minimiser les risques tout en préservant l'espèce. Elles sont d'autant plus nécessaires que le grand requin blanc est classé «vulnérable» par l'Union internationale pour la conservation de la nature (UICN). En Australie, il bénéficie de mesures de protection strictes: le pêcher ou l'abattre sont interdits, et des aires marines protégées ont été créées pour lui garantir un habitat sécurisé. Le braconnage et les prises accidentelles restent néanmoins des menaces persistantes.

Pour mieux comprendre comment fonctionne ce dispositif, j'accompagne la patrouille locale, à bord de son hélicoptère de surveillance. Tous les jours, entre midi et 17 heures, depuis le ciel, les sauveteurs scrutent plus de 400 kilomètres de côte, à l'affût du grand requin blanc, dont ils savent déceler et identifier la silhouette. Si des requins rôdent non loin des plages, cette escouade aérienne, en liaison avec des bateaux en mer, permet d'informer rapidement le public.

«Si j'aperçois un grand blanc, j'indique au pilote sa localisation, nous nous positionnons alors au-dessus de lui; l'air brassé par les pales de l'hélico crée des vagues qui le chassent vers le large. On l'invite en quelque sorte à changer de trajectoire et à s'éloigner du littoral, m'explique Thomas, le responsable de l'équipe. Dans le même temps, nos collègues, sur l'eau, alertent les baigneurs et font évacuer tout le monde. En l'espace de quelques minutes, tout est sous contrôle.
– Combien voyez-vous de requins chaque jour?
– Généralement un ou deux au début de l'été. Plus tard dans la saison, c'est en moyenne un par semaine. Ça en fait pas mal!
– Ils se rapprochent donc souvent?
– L'océan est leur habitat et il n'a pas de frontière. C'est là qu'ils vivent et se déplacent. Comme une bande de copains qui partagent la même maison et le jardin autour.»

Effectivement, c'est là que vivent les requins… dans cet océan que des millions d'Australiens adorent et où ils pratiquent quotidiennement de multiples activités. Près d'Adélaïde, sur l'une des plus belles plages de la région, il flotte dans l'air un parfum de vacances. Pourtant, chacun a encore à l'esprit ce qu'il s'est passé quelques jours plus tôt… Je retrouve Murray Drummond et son fils Nat. Ils m'emmènent sur les lieux de l'attaque. C'était un dimanche, une compétition de kayak venait de commencer, à laquelle Nat participait sous les yeux de son père. L'un et l'autre ont beau être sauveteurs eux aussi, ils n'ont rien vu venir…

«Je pagayais assez vite et, probablement après 300 mètres de course, peut-être au bout d'une minute à peine, j'ai senti la mer littéralement se retirer sous mon bateau. Et presque instantanément, il s'est produit comme une grosse explosion.

MSA

SURF RESCUE

SL80S
RESCUE
SL89S
LIFEGUARD
PRO GUARDING

Et en un clin d'œil, j'ai été projeté à 2 mètres de hauteur», me raconte Nat, encore sous le coup de l'émotion, 2 mètres… et je n'exagère pas ! Je suis retombé et j'ai vu cette forme. J'ai su immédiatement que c'était un requin. J'ai vu son gros œil, son gros œil noir.»

Le grand requin blanc a mordu le kayak du jeune homme à pleines dents. Depuis le rivage, Murray assistait à toute la scène avec la plus insoutenable angoisse.

«Vous savez, en tant que père, mon cœur a chaviré. J'ai tout laissé sur place pour courir vers l'eau, à contresens de tous ceux qui s'y trouvaient et se précipitaient vers la plage… les baigneurs, les plaisanciers, tout le monde hurlait, c'était horrible.»

Dans le hangar où l'équipe de kayakistes entrepose son matériel, Nat décroche son embarcation pour me la montrer. Elle est restée en l'état, éventrée, la résine de la coque tout près du siège transpercée.

«Tu as eu beaucoup de chance…
– Oui, j'ai bien failli me faire dévorer !
– Est-ce que ça a changé ta perception du grand blanc ?
– Oh oui ! Je n'en avais jamais vu avant. Enfin si, peut-être à l'aquarium ou dans le film *Les Dents de la mer*. J'adore cet animal, je l'adore depuis que je suis gamin. Mais le rencontrer de cette façon est aussi brutal que déconcertant. Ça sort de l'entendement ! À terre, les humains sont au sommet de la chaîne alimentaire, nous possédons des armes pour chasser les animaux, mais dès que nous sommes dans l'eau, tous nos repères basculent. Notre place dans la chaîne alimentaire n'est plus exactement la même.»

Je me tourne vers Murray qui, dans sa grande sagesse, a cette réflexion : «De toute évidence, ce requin s'est aperçu qu'il n'avait pas mordu dans une otarie. Il est donc parti tout de suite. Vous savez, ils ne sont pas là pour attaquer les humains. Ils cherchent juste de la nourriture.»

L'archipel des grands blancs

Prédateur emblématique des océans, le grand requin blanc suscite à la fois fascination et crainte. On le redoute, mais il demeure méconnu du grand public. En Australie, des pionniers de sa défense, comme Rodney Fox, ou des chercheurs tels que Charles Huveneers, ont consacré leur vie à l'étude et à la conservation de ce squale.
J'ai précisément rendez-vous avec Charles, un scientifique belge, docteur en biologie marine mondialement reconnu pour ses travaux sur les requins. Il a été sollicité par le gouvernement australien pour approfondir les connaissances sur *Carcharodon carcharias* et œuvrer à sa protection. Ses recherches se concentrent notamment sur le comportement du prédateur et ses interactions avec les humains. Il combat l'émotion que provoque une attaque de requin par l'observation rationnelle de l'animal.
C'est à Port Lincoln, dans le sud de l'île, que je pars le retrouver. À bord de son zodiac, nous naviguons vers le bateau qui sert de support à toutes ses expéditions.

«Je vais t'emmener dans mon petit coin de paradis, où je travaille depuis quinze ans. C'est aussi le meilleur endroit au monde pour étudier le grand requin blanc. Il y est assez nombreux, sans doute représenté par une bonne trentaine d'individus.
– Excellent ! Mais dis-moi, les cages que je vois à l'arrière du bateau, qu'est-ce que c'est ?
– La première nous permet de rester en surface, et avec la seconde, nous plongeons en profondeur pour approcher les requins en toute sécurité. Si tu oses le faire…», dit-il avec un sourire malicieux.

À bord, le matériel est réparti dans nos cabines, puis le capitaine met le cap sur les îles Neptune, un archipel isolé, sauvage et inhabité, où les eaux offrent un sanctuaire à l'espèce dont Charles cherche à percer les secrets. Je profite de la traversée pour demander à Charles comment sa passion est née.

«En fait tout a commencé quand j'avais 12 ans. À l'école, je devais faire la présentation d'un animal, et ma mère m'a suggéré de parler des requins. Et elle m'a même offert un bouquin. Depuis ce jour-là, depuis mes 12 ans, je suis fasciné par ces bestioles.»

Au terme de quatre heures de navigation, nous atteignons l'archipel. Le temps est maussade mais calme. Habituellement battues par les vents et les vagues de l'océan, les îles Neptune offrent un véritable refuge aux grands requins blancs. Égrenés au large de la péninsule d'Eyre, ces confettis attirent en effet chaque année une concentration exceptionnelle de ces redoutables prédateurs. La raison ? L'abondance des otaries à fourrure qui viennent s'y reproduire et constituent dès lors un copieux garde-manger pour les requins. Les eaux froides et riches en nutriments des îles Neptune sont ainsi devenues un haut lieu d'observations scientifiques, mais aussi un site prisé des amateurs de sensations fortes venus s'immerger en cage au plus près du seigneur des mers. Protégées par le statut de parc marin, les îles abritent également une biodiversité remarquable, témoignage d'une nature magistralement organique confiée aux éléments !

Alors que le capitaine a jeté l'ancre, je retrouve Charles sur le pont arrière du bateau. En un coup d'œil, il a déjà décelé la présence de requins. Avant notre première plongée, Charles veut tester une nouvelle technologie qui pourrait sauver des vies. Il a notamment travaillé sur une protection en Kevlar® souple, conçue pour être portée par des surfeurs, plongeurs ou nageurs évoluant dans des zones fréquentées par les squales. Charles me rappelle que les rares attaques contre des humains sont généralement considérées comme des accidents. Les cibles sont des surfeurs ou des véliplanchistes que le grand requin blanc identifie malencontreusement comme des proies. Quand il s'agit d'une vraie proie, le requin la mord pour la saigner. Ce n'est que lorsqu'elle ne bouge plus qu'il commence à la consommer. Quand il attaque un humain, le prédateur se rend généralement compte de son erreur. Les cas mortels surviennent lorsque la morsure a porté sur un organe vital ou sectionné un membre, et provoqué une hémorragie fatale. C'est précisément sur ce cas de figure que Charles veut apporter sa contribution.
L'objet qui servira au test est surnommé le «biscuit», soit une planche en bois enveloppée de néoprène et renforcée par des fibres de Kevlar®.
«L'idée est de réduire l'occurrence et la gravité des blessures infligées par les requins, en introduisant dans le néoprène des fibres particulières, comme par exemple le Kevlar®.
– Si je comprends bien, cette combinaison de matériaux résisterait à l'énorme pression des mâchoires d'un grand blanc ? Le requin pourrait mordre, mais sans que ces dents ne traversent la combinaison en néoprène ?
– Oui. Regarde, je vais te montrer. Je mets le biscuit à l'eau, et je jette aussi quelques appâts pour les faire venir. Je renouvellerai ensuite l'expérience avec une planche ordinaire.»

Les requins ne tardent pas à venir rôder et se prêtent volontiers à l'expérience. Les différences sont évidentes entre les traces de morsure laissées sur le biscuit et celles laissées sur la planche non protégée. La planche consolidée par la nouvelle technologie a positivement limité la pénétration des dents des requins.
«L'objectif n'est pas d'éliminer totalement le risque, mais d'atténuer la gravité des blessures, en particulier les lacérations profondes, m'explique Charles. Et comme la plupart des blessures occasionnent des pertes de sang, si nous pouvons diminuer ces hémorragies, nous pourrons sauver des vies.»

Pour suivre les déplacements et les habitudes alimentaires des grands blancs, l'équipe de Charles exploite des technologies avancées telles que le marquage satellite et l'analyse comportementale. Une grande partie des études repose sur l'utilisation de cages d'observation, qui permettent d'approcher les requins sans perturber leur comportement. Cette approche est essentielle pour obtenir des données précises et fiables sur l'espèce et ses interactions avec les humains.

CRESSI
CRESSI
FISTERRA

Plongeurs en cage et requins sur écoute

Il est temps de passer à l'observation pour moi aussi. Je file m'équiper dans la salle du bateau où est entreposé le matériel. L'eau est froide, à peine 15 °C, j'opte donc pour la combinaison de 9 millimètres d'épaisseur.
Charles prend place le premier dans la cage dite «de surface». Chacun de nous est équipé d'une bouteille de plongée, mais nous ne descendrons pas très bas. Il s'agit simplement de nous présenter au grand squale et de tester ma détermination. En quelques instants, nous sommes repérés. Un grand blanc approche de la cage. L'espèce doit son nom à la couleur crème de son ventre et à sa taille phénoménale. Un spécimen peut mesurer jusqu'à 6 mètres et avoisiner 2 tonnes. Sans compter ses quelques 300 dents, triangulaires et extrêmement tranchantes.

Grâce aux masques audio étanches, nous pouvons communiquer:
«C'est incroyable de les voir d'aussi près. On peut se tenir juste là, en face de lui... Un requin vit combien de temps?
– Cela dépend des espèces. En moyenne, les requins vivent une quarantaine d'années. Une équipe de biologistes a travaillé sur un individu dont l'âge était estimé à 71 ans. Mais c'est extrêmement rare.
– Leur reproduction est tardive, n'est-ce pas?
– Un grand requin blanc met plus de vingt ans pour grandir et atteindre sa maturité sexuelle. Or, il est encore beaucoup chassé ou victime colatérale de la pêche industrielle. Il n'a pas le temps de se reproduire suffisamment, c'est là le drame. Voilà pourquoi il est en danger.» m'explique avec une certaine gravité ce passionné de requins... Pas plus que les autres scientifiques, il ne sait le nombre exact d'individus qui croisent dans les eaux australiennes et ne connaît pas non plus leur nombre précis dans le monde... peut-être quelques milliers. Ce qui est certain, c'est que les grands blancs figurent aujourd'hui sur la liste rouge des espèces qu'il faut absolument protéger.

Le lendemain, Charles doit poser des balises GPS sur le dos des squales et m'a réservé un nouveau face à face, cette fois dans une cage spéciale. Nous plongerons à près de –30 mètres.
«Ces tags-là sont acoustiques et, pour les mettre en marche, la seule chose à faire consiste simplement à retirer ce petit aimant. Tu entendras peut-être un petit *tic-tic-tic*...
– Oui, j'entends. Oui, oui, je perçois le *tic-tic-tic*...
– Nous disposons de récepteurs tout autour de l'île, qui écoutent tous ces petits signaux. Ainsi, chaque fois que les requins traînent dans les environs d'un récepteur, à plus ou moins 500 mètres, leur tag est enregistré.
– Ça permet de savoir si les requins reviennent régulièrement, c'est ça?
– Exactement! Nous pouvons savoir quand les requins arrivent, les enregistrer et comparer la durée de leurs séjours dans les eaux des îles Neptune.»

Ce matin, le menu du grand carnassier se compose de branchies de thon, l'un des plats qu'il affectionne particulièrement. Lorsque ces appâts sont prêts et stockés dans la boîte prévue à cet effet, nous ajustons nos gilets de plongée. Juste avant d'entamer notre immersion, je m'autorise une petite question:
«Euh... quelles sont les consignes de sécurité?
– C'est très simple, tu n'as rien à faire. Tu dois garder tes membres, je pense aux bras surtout, à l'intérieur de la cage. Nous essayerons d'attirer les requins par l'odeur des appâts. Je ne donne jamais le poisson depuis la cage, c'est trop dangereux. J'ouvrirai la trappe à appâts et l'odeur suffira à les faire venir...»

Un prédateur injustement maudit

L'une des caractéristiques du grand requin blanc, comme la plupart des requins, ce sont ses facultés sensorielles hyper développées. Les requins voient dans l'obscurité mieux que les chats, leur odorat est infiniment supérieur à celui des humains, leur sens du goût est extrêmement affûté et ils bénéficient d'une excellente ouïe. Capables de percevoir les moindres différences de pression dans leur environnement, ils ont aussi la capacité de détecter les plus infimes champs électriques émis par leurs proies, grâce à des capteurs sensoriels spécifiques ultraréceptifs, les fameuses ampoules de Lorenzini.

« Avec un peu chance, nous verrons un individu que je n'ai pas encore identifié. J'essayerai de le taguer avec mon fusil de chasse. J'ai un autre fusil, mais il sert aux prélèvements de peau et de muscle. Ces échantillons nous permettent d'étudier le régime alimentaire et l'état de santé des individus. Ils sont également envoyés à des collègues qui explorent la génétique pour estimer la taille de la population mondiale, que nous avons toujours du mal à évaluer. Le grand requin blanc est très difficile à étudier. De plus, c'est un migrateur au long cours, qui voyage seul ou en couple, mais pas en groupe. »

Carcharodon carcharias incarne l'un des prédateurs les plus fascinants et les plus redoutés des océans. Longtemps diabolisé par la culture populaire, il reste une énigme scientifique malgré des décennies d'observations, de suivi, d'expériences, d'examens, d'analyses... L'Australie, et plus particulièrement sa côte sud, constitue un point névralgique pour les recherches sur cette espèce charismatique, et Charles en est l'un des principaux acteurs.

« Il est possible que j'ouvre la porte de la cage pour essayer d'atteindre un requin. Dans ce cas-là, tu ne bouges pas. En revanche, je te demande d'être vigilant et de bien regarder tout autour de nous quand je serai à l'extérieur de la cage. Si je suis en train de viser un requin, il est possible que d'autres se pointent. Si tu en vois un arriver sur ma gauche, tape-moi l'épaule gauche ; si un autre vient par la droite, tape-moi l'épaule droite. Et si tu en vois un descendre par le haut, tape le dessus de ma tête. Enfin, s'ils sont trop proches, cramponne ma bouteille et tire-moi en arrière pour me mettre à l'abri dans la cage.
– Cette cage est visiblement un outil essentiel...
– Oui, clairement ! C'est une invention australienne qui a complètement changé notre approche scientifique. Celui qui l'a conçue s'appelle Rodney Fox. Son histoire est incroyable. Je te la raconterai, mais là il faut qu'on descende ! »

C'est dans l'une de ces cages très sécurisées et munis de masques communicants que nous commençons notre descente. Nous attirons immédiatement la curiosité de centaines de bonites. La cage touche le fond à 30 mètres sous la surface.

Pour faire venir les requins, Charles ouvre la trappe sous laquelle se trouvent les branchies de thon. Et ça marche ! « Attention derrière toi, un requin arrive. Je ne le connais pas ! » En l'espace de quelques instants, une douzaine de grands blancs tournent autour de la cage. « Je vais essayer de fixer un tag sur son dos. La visibilité n'est pas terrible pour l'instant, ce qui leur permet d'approcher en toute discrétion, sans que l'on s'en rende compte. » Pour réussir son geste, Charles décide d'ouvrir la cage. Le corps à moitié à l'extérieur, il vise avec son fusil de chasse et tire une seule fois. Le tag est posé. Première mission accomplie. Quelques minutes plus tard, Charles réalise un prélèvement de chair sur un autre individu.

Les 25 minutes de plongée réglementaires se sont écoulées. À croire que le temps s'est comme rétréci ou accéléré... Revenu à l'air libre, je partage mes premières impressions avec Charles : « Tu sais ce qui est fascinant ? C'est qu'en fait, tu ne les vois pas arriver, et soudain, ils sont là. En un coup de caudale ils disparaissent, puis reviennent tout aussi furtivement, surgissant de nulle part. Ultrarapides. Leurs accélérations sont impressionnantes.

CRESSI
FISTERRA

– C'est ce qui fait d'eux des prédateurs tellement redoutables.»

Dans la salle de stockage du matériel, à l'avant du bateau, deux grands réfrigérateurs assurent la conservation des prélèvements.
«Dans le fragment de peau que j'ai prélevé, ce qui nous intéresse, c'est la partie plus rose, soit le muscle et la chair, que nous analyserons.
– Est-ce que le requin blanc est bon à manger? A-t-il déjà été chassé dans ce but?
– Les grands requins blancs sont protégés en Australie et dans beaucoup d'autres pays. La législation internationale est en leur faveur aussi. Mais bien que les pêcher soit interdit dans de nombreux pays, ils continuent d'être braconnés pour leurs ailerons, leur viande, leurs dents et mâchoires, répartis entre cuisines de restaurants, officines d'apothicaires traditionnels et souvenirs pour touristes. Outre que ce grand prédateur doit également faire face à la pollution marine et à la raréfaction de ses proies, l'humain n'en reste pas moins son principal ennemi.
– Et aujourd'hui, comment se porte sa population? Est-ce qu'elle remonte?
– Ça dépend des endroits. Ici en Australie, on pense qu'elle augmente doucement, mais il est très difficile d'obtenir des données fiables. Le fait d'avoir interdit leur pêche ici me laisse espérer que leurs effectifs sont en bonne voie. Je le souhaite vivement en tout cas.»

Ces rencontres avec le grand requin blanc ont changé ma perception de cet animal tant décrié et trop souvent caricaturé. Grâce aux travaux de chercheurs comme Charles Huveneers et aux initiatives de conservation semblables à celles qui ont été mises en place en Australie, notre compréhension et notre appréciation des grands requins blancs ont considérablement évolué. La poursuite de ces efforts est essentielle pour garantir une coexistence équilibrée entre les humains et ces prodigieux prédateurs.

Rodney Fox, de victime à protecteur des requins

L'histoire de Rodney Fox est incontournable lorsqu'il s'agit d'évoquer la relation entre l'homme et le grand requin blanc.

Sa vie bascule le 8 décembre 1963. Ce jour-là, il participe à un concours de pêche, sa passion, à Aldinga Beach, au sud d'Adélaïde. Il n'a que 23 ans. Tout avait bien commencé, son nombre de prises l'avait placé en bonne position pour gagner la compétition. Il vient de repérer un *morwong*, l'un de ces grands poissons qui vivent au-delà de 50 mètres de profondeur et ressemblent à une perche. Tandis qu'il continue sa descente en apnée, il ressent soudain un énorme choc à la poitrine. Un grand requin blanc vient de l'attaquer violemment. Il réussit à se dégager, remonte à la surface, reprend son souffle, mais l'animal l'a suivi et l'entraîne au fond de l'océan. Il finit miraculeusement par lui échapper. Secouru et ramené sur le rivage, puis transporté à l'hôpital, il doit là encore sa survie à un miracle, car les dents du squale ont perforé son torse, mettant à nu son estomac, ses intestins, ses poumons… et il faut 462 points de suture pour remettre le jeune homme en «état de marche». Les incroyables photos de ses blessures vont faire le tour du monde…

Rodney Fox aurait pu haïr les grands blancs. Mais non ! Il décide de consacrer sa vie à la protection des squales. Il se rétablit en quelques mois, au cours desquels il développe une véritable fascination pour ces gros poissons et entreprend de les étudier. Pour mieux les approcher, il conçoit la première cage d'observation sous-marine, permettant ainsi aux chercheurs et aux cinéastes de les découvrir en toute sécurité, sans s'exposer à un danger immédiat. C'est une révolution pour les biologistes, les documentaristes et les amateurs de sensations fortes. À la clé, des moissons d'images exceptionnelles qui ont permis de mieux comprendre cet animal mal-aimé.

Grâce à cette cage, Fox collabore avec des biologistes marins et des documentaristes, mais aussi des réalisateurs de films, notamment Steven Spielberg pour son film *Les Dents de la mer*, qui met en lumière la puissance du prédateur. Comme nombre de chercheurs et défenseurs des requins, Rodney Fox regrettera que ce film ait contribué à décrire le grand blanc en monstre des mers avide de sang, renforçant l'idée qu'il constitue un danger pour l'humain, alors qu'il est un indispensable régulateur d'autres espèces et joue un rôle crucial dans la vie des océans.

Ces plongées en cage permettent de recueillir des données capitales sur le comportement de l'animal et concourent à déconstruire son image de monstre sanguinaire. Rodney Fox est ainsi devenu un acteur clé de la conservation des requins. Après avoir passé des décennies à les observer dans leur habitat naturel, il fonde Rodney Fox Shark Expeditions, une organisation dédiée à la sensibilisation, à la recherche scientifique et à l'écotourisme. Cette entreprise propose des plongées en cage au grand public et aux scientifiques, dans le but de promouvoir la bonne cohabitation de l'humain et du requin. Fox a joué un rôle déterminant dans l'évolution de la réglementation australienne en faveur de la protection de *Carcharodon carcharias*. Son travail acharné a considérablement contribué à l'interdiction de pêcher celui-ci en Australie et à l'instauration de zones marines protégées. Un héritage durable.

Aujourd'hui, Andrew, le fils de Rodney Fox, poursuit l'œuvre de son père, il dirige Rodney Fox Shark Expeditions et collabore avec des ichtyologistes pour mieux comprendre ces prédateurs. Ensemble, ils œuvrent à la protection du grand requin blanc en prônant une approche scientifique pédagogique. Rodney Fox est ainsi passé du statut de victime à celui d'ardent défenseur des squales. Il est leur premier ambassadeur. Son engagement a permis de transformer la perception du grand requin blanc et de faire progresser la science, garantissant dès lors un avenir plus sûr à ce suprême prédateur fondamental pour l'équilibre des océans.

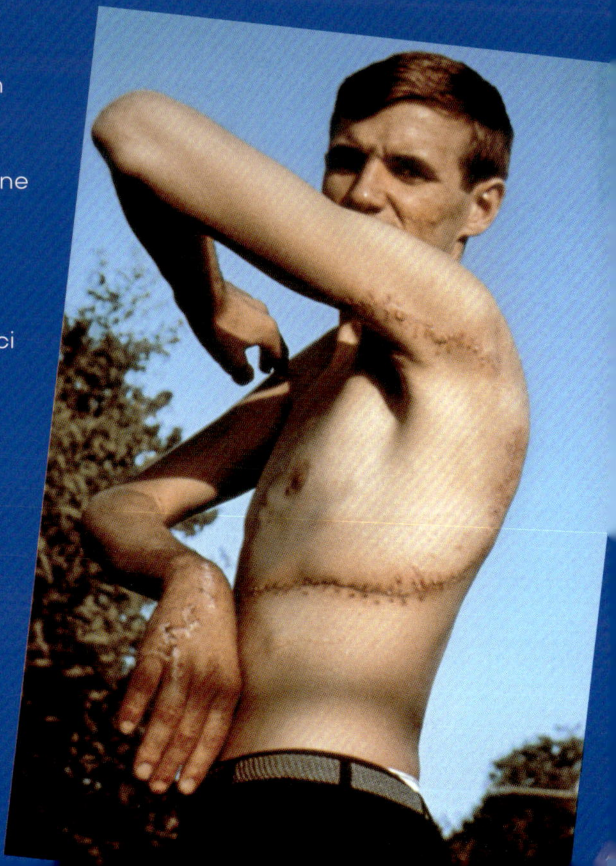

CONCLUSION

Voilà cinquante ans que l'émission «Thalassa» explore les océans. Mais ces cinquante années n'auront pas suffi… Nous n'avons pas encore fini de découvrir, de comprendre et d'admirer le plus grandiose des écosystèmes de notre belle planète bleue.

Voilà pourquoi l'aventure «Thalassa» doit et va continuer sur France Télévisions avec de nouveaux voyages et de nouvelles découvertes.

La saison prochaine s'annonce pleine de promesses et de rencontres.

Ensemble, nous partirons observer les lions du désert en NAMIBIE, que les bouleversements climatiques poussent vers les rivages de l'océan Atlantique. Phénomène unique au monde!

Dans les eaux cristallines des BAHAMAS, je vous ferai découvrir la plus grande de toutes les espèces de requins-marteaux, des poissons aussi insolites que mystérieux!

Nous vous emmènerons aussi à MAYOTTE, joyau de l'océan Indien, où la nature et les humains se reconstruisent après le passage dévastateur du cyclone Chido. Son lagon est un exceptionnel sanctuaire de biodiversité, refuge de milliers d'espèces marines, notamment l'énorme et non moins gracieuse tortue verte.

Sur le littoral poissonneux au nord du JAPON, deux frères nous embarqueront sur leur petit navire de pêche en quête des thons rouges du Pacifique, des géants de plus de 300 kilos, véritables seigneurs des mers devenus l'emblème de tout un pays.

En FRANCE, nous ferons la connaissance de jeunes ingénieurs qui cherchent à défier les lois de la physique en construisant un prototype de bateau à voile, afin de battre le record mondial de vitesse sur l'eau en Méditerranée.

En ARGENTINE, de la Terre de Feu jusqu'à la côte sauvage de la péninsule Valdés, en Patagonie, nous suivrons les majestueuses baleines franches australes qui nous offriront un incroyable spectacle en venant mettre bas et allaiter leurs petits.

Nous remonterons le temps en ISLANDE, île d'eau et de feu, pour comprendre l'origine de nos océans et observer au plus près les stigmates de la formation de la Terre.

Aux quatre coins des océans, je poursuivrai avec vous l'aventure «Thalassa», avec passion et curiosité.

Ne cessons jamais d'explorer, ne cessons jamais d'admirer, car l'émerveillement est le premier pas vers le respect dont cette vie marine sublime, unique et si fragile a tant besoin.

Retrouvez tous les épisodes de Thalassa – aventures extrêmes sur le site de France Télévisions

Diego Buñuel et Agnès Gardet tiennent à remercier
Olivia Recasens pour avoir été à l'initiative de ce projet,
ainsi que les équipes de Thalassa – Aventures extrêmes :

RÉALISATEURS
Nicolas Boero, Frédéric Capron, Gildas Corgnet,
Marc De Langenhagen, Nicolas Ducrot, David Geoffrion,
Gary Grabli, Damien Vercaemer

JOURNALISTES
Philippe Aigueperse, Isabelle Billet, Stéphanie Brabant,
Sandrine Leonardelli, Sophie Morand, Véronique Veber

IMAGES SOUS-MARINES
Manéa Fabisch, Franck Gazzola, René Heuzey, Nathalie Lasselin,
Tim Mc Kenna, Roberto Rinaldi

MONTAGE
Raphaël Basili, Nicolas Berthelot, Cécil Cahen, Seamus Haley,
Audrey Lenarvor, Vincent Martin, Sébastian Perez Pezzani,
Jean-Baptiste Portois, Frédéric Ricci, Mathilde Rougeron,
Guillaume Salasca

PRODUCTION
Florence Bouton, Fanny Chabanon, Julien Cottard, Jeanne Hardy,
Maryse Marascia, Audrey Michard, Florence Relu

ÉDITION NUMÉRIQUE
Steeve Constant, Eve-Marie Liberman, Isabelle Yaya

TABLE DES MATIÈRES

Tana
éditions

TANA S'ENGAGE
pour préserver l'environnement

- Impression en France sous le label Imprim'Vert®
- Papier issu de forêts gérées durablement
- Fabrication en circuit court
- Encres certifiées d'origine végétale
- Papier blanchi sans chlore ni dérivé de chlore
- Pelliculage des couvertures sans plastique

Crédits
Toutes les images reproduites dans ce livre sont la propriété de © 2024 Thalassa – France Télévisions, excepté :

P. 28-29 : Vue aérienne de drone du motu de l'atoll de Rangiroa et de la barrière de corail en Polynésie Française, Tahiti. Copyright (c) 2019 Maridav/Shutterstock.
P. 22-23 : Requin tigre. Copyright (c) 2024 MDay Photography/Shutterstock.
P. 36 : Vesvocrea/Shutterstock.
p. 38-39 : Saumons dans le parc national de Katmai, Alaska. Copyright (c) 2024 Ifkdsk/Shutterstock.
p. 50-51 : Vue panoramique sur une plage rocheuse au bord de mer de Huarmey dans la région d'Ancash, Pérou. Copyright (c) 2020 Christian Vinces/Shutterstock.
p. 74-75: Polonets Anastasiia/Shutterstock.
p. 121 : Photo12/Alamy/Jeff Rotman.

92, avenue de France
75013 Paris – France
tanaeditions@gmail.com
01 44 16 09 00

Responsable éditoriale : Alix de Cazotte
Édition : Émeline Martin, assistée d'Opale Launay
Correction : Christine Baillet
Conception graphique : Léo Quetglas
Fabrication : Stéphanie Lascar-Gris

Dépôt légal : septembre 2025
Code éditeur : W10599/01
ISBN : 979-10-301-0599-5
Imprimé en France par l'imprimerie Chirat en août 2025

Rejoignez-nous sur : www.tana.fr

#lisez! engagé
Pour plus d'information :
www.lisez.com
Imprimé sur du papier issu de forêts gérées durablement.